普通高等教育"十二五"省级规划教材

电子技术实验与 Multisim 仿真

（第 2 版）

主　编　王艳春

副主编　丁方莉　罗少轩　孙长伟

U0246488

合肥工业大学出版社

图书在版编目(CIP)数据

电子技术实验与 Multisim 仿真/王艳春主编 . —2 版 . —合肥:合肥工业大学出版社,2014.11(2020.8 重印)

ISBN 978 - 7 - 5650 - 2035 - 3

Ⅰ.①电… Ⅱ.①王… Ⅲ.①电子技术—实验②电子电路—计算机仿真—应用软件 Ⅳ.①TN - 33②TN702

中国版本图书馆 CIP 数据核字(2014)第 282409 号

电子技术实验与 Multisim 仿真(第 2 版)

主编　王艳春		责任编辑　王　磊	
出　版	合肥工业大学出版社	版　次	2011 年 8 月第 1 版
地　址	合肥市屯溪路 193 号		2014 年 11 月第 2 版
邮　编	230009	印　次	2020 年 8 月第 4 次印刷
电　话	艺术编辑部:0551 - 62903120	开　本	787 毫米×1092 毫米　1/16
	市场营销部:0551 - 62903198	印　张	12.25　　字　数　300 千字
网　址	www. hfutpress. com. cn	印　刷	安徽昶颉包装印务有限责任公司
E-mail	hfutpress@163. com	发　行	全国新华书店

ISBN 978 - 7 - 5650 - 2035 - 3　　　　　　　　　　定价:25.00 元

如果有影响阅读的印装质量问题,请与出版社市场营销部联系调换。

前　言

电子技术课程是高等学校电子、电气、计算机类等专业的专业基础课程,实践性很强。电子技术课程中的许多理论知识比较抽象,需要在实验室进行验证实验,才能加深对知识的理解和掌握。因此,电子技术实验是电子技术课程重要的组成部分,它对培养学生的基本实验技能,提高学生实际动手能力、电子电路设计能力与综合应用能力起着重要的作用。

传统的实验方法是在实验室通过搭建电子电路,用仪器仪表测量验证和设计电子电路。随着科学技术的迅猛发展,集计算机技术、电子技术、信号处理技术于一体的 EDA 技术已发展成为现代电子设计的核心。在众多的 EDA 仿真软件中,美国国家仪器(National lnstru-ments,N1)公司的 Multisim 软件是一款电子线路分析与设计的优秀仿真软件,其人性化的界面、庞大的虚拟器件仪表库和完善的分析方法,非常适合辅助电子技术课程教学,对于改革电子技术课程的教学内容和教学手段,加强学生工程实践能力和创新能力的培养,具有重要的意义。

本书按照高等学校电气、电子信息类电子技术基础课程教学基本要求,结合多年电子技术课程实践教学经验,并根据 EDA 技术的广泛应用以及教学改革不断深入的需要而编写,旨在加强学生实践能力、创新思维的培养及对 EDA 新技术的应用能力。本书中介绍的电子电路虚拟仿真实验方法是实际实验的一种辅助手段,既可作为学生上实验课前对实验内容的预先仿真,也可作为对一些实验室无法开设的实验内容以及学生自主创新的实验内容进行虚拟仿真,变被动实验为主动实验,从而提高学生学习积极性,改善实验效果。

本书共分为 6 章,第 1 章为模拟电子技术实验,介绍了 12 个模拟电路基础实验。第 2 章为数字电子技术实验,介绍了 10 个数字电路基础实验。第 3 章为 Multisim 10 使用简介,介绍了 Multisim 10 的基本功能,以及各种常用虚拟仪器的功能和使用方法。第 4 章为模拟电子技术仿真实验,介绍了 10 个模拟电路仿真实验。第 5 章为数字电子技术仿真实验,介绍了 9 个数字电路仿真实验。第 6 章为附录,介绍了电子技术实验装置及部分集成电路引脚排列,以供查阅。

本书由蚌埠学院王艳春任主编,负责全书的组织和统稿。第 1 章由铜陵学院丁方莉编写,第 2、4、5 章由蚌埠学院王艳春编写,第 3 章由蚌埠学院孙长伟编写,第 6 章由蚌埠学院罗少轩编写。

由于编者水平有限,加之时间仓促,书中难免有不妥之处,敬请读者批评指正。

编者

目　录

第1章 模拟电子技术实验

1.1 常用电子仪器的使用

【实验目的】

1. 学习电子电路实验中常用的电子仪器——示波器、函数信号发生器、直流稳压电源、交流毫伏表、频率计等的主要技术指标、性能及正确使用方法。

2. 初步掌握用双踪示波器观察正弦信号波形和读取波形参数的方法。

【实验原理】

在模拟电子电路实验中,经常使用的电子仪器有示波器、函数信号发生器、直流稳压电源、交流毫伏表及频率计等。它们和万用电表一起,可以完成对模拟电子电路的静态和动态工作情况的测试。

实验中要对各种电子仪器进行综合使用,可按照信号流向,以连线简捷、调节顺手、观察与读数方便等原则合理布局,各仪器与被测实验装置之间的布局与连接如图1-1所示。

注 意:

① 接线时,为防止外界干扰,各仪器的公共接地端应连接在一起,称共地。

② 信号源和交流毫伏表的引线通常用屏蔽线或专用电缆线,示波器接线使用专用电缆线,直流电源的接线用普通导线。

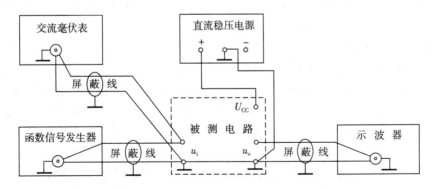

图1-1 模拟电子电路中常用电子仪器布局图

1. 示波器

示波器是一种用途很广的电子测量仪器,它既能直接显示电信号的波形,又能对电信号进行各种参数的测量。现着重指出下列几点:

（1）寻找扫描光迹。

将示波器 Y 轴显示方式置"Y_1"或"Y_2"，输入耦合方式置"GND"，开机预热后，若在显示屏上不出现光点和扫描基线，可按下列操作去找到扫描线：① 适当调节亮度旋钮；② 触发方式开关置"自动"；③ 适当调节垂直、水平"位移"旋钮，使扫描光迹位于屏幕中央（若示波器设有"寻迹"按键，可按下"寻迹"按键，判断光迹偏移基线的方向）。

（2）双踪示波器一般有五种显示方式，即"Y_1"、"Y_2"、"Y_1+Y_2"三种单踪显示方式和"交替""断续"两种双踪显示方式。"交替"显示一般适宜于输入信号频率较高时使用，"断续"显示一般适宜于输入信号频率较低时使用。

（3）为了显示稳定的被测信号波形，"触发源选择"开关一般选为"内"触发，使扫描触发信号取自示波器内部的 Y 通道。

（4）触发方式开关通常先置于"自动"调出波形后，若被显示的波形不稳定，可置触发方式开关于"常态"，通过调节"触发电平"旋钮找到合适的触发电压，使被测试的波形稳定地显示在示波器屏幕上。

有时，由于选择了较慢的扫描速率，显示屏上将会出现闪烁的光迹，但被测信号的波形不在 X 轴方向左右移动，这样的现象仍属于稳定显示。

（5）适当调节"扫描速率"开关及"Y 轴灵敏度"开关使屏幕上显示 $1\sim2$ 个周期的被测信号波形。

注　意：

① 在测量幅值时，应将"Y 轴灵敏度微调"旋钮置于"校准"位置，即顺时针旋到底，且听到关的声音。

② 在测量周期时，应注意将"X 轴扫速微调"旋钮置于"校准"位置，即顺时针旋到底，且听到关的声音。

③ 注意"扩展"旋钮的位置。

被测波形在屏幕坐标刻度上垂直方向所占的格数（DIV）与"Y 轴灵敏度"开关指示值（VOLTS/DIV）的乘积，即信号幅值的实测值。

被测信号波形一个周期在屏幕坐标刻度水平方向所占的格数（DIV）与"扫速"开关指示值（SEC/DIV）的乘积，即信号频率的实测值。

2．函数信号发生器

函数信号发生器按需要输出正弦波、方波、三角波三种信号波形。输出电压最大可达 $20V_{P-P}$。通过输出衰减开关和输出幅度调节旋钮，可使输出电压在 mV 级到 V 级范围内连续调节。函数信号发生器的输出信号频率可以通过频率分档开关进行调节。

函数信号发生器作为信号源，它的输出端不允许短路。

3．交流毫伏表

交流毫伏表只能在其工作频率范围之内，用来测量正弦交流电压的有效值。

为了防止过载而损坏，测量前一般先把量程开关置于量程较大位置上，然后在测量中逐挡减小量程。

【实验设备与器件】

函数信号发生器；双踪示波器；交流毫伏表。

【实验内容】

1. 用机内校正信号对示波器进行自检

(1)扫描基线调节

将示波器的显示方式开关置于"单踪"显示(Y_1或Y_2),输入耦合方式开关置"GND",触发方式开关置于"自动"。开启电源开关后,调节"辉度"、"聚焦"、"辅助聚焦"等旋钮,使荧光屏上显示一条细而且亮度适中的扫描基线。然后调节"X轴位移"和"Y轴位移"旋钮,使扫描线位于屏幕中央,并且能上下左右移动自如。

(2)测试"校正信号"波形的幅度、频率

将示波器的"校正信号"通过专用电缆线引入选定的Y通道(Y_1或Y_2),将Y轴输入耦合方式开关置"AC"或"DC",触发源选择开关置"内",内触发源选择开关置"Y_1"或"Y_2"。调节X轴"扫描速率"开关(SEC/DIV)和Y轴"输入灵敏度"开关(VOLTS/DIV),使示波器显示屏上显示出一个或数个周期稳定的方波波形。

① 校准"校正信号"幅度

将"Y轴灵敏度微调"旋钮置"校准"位置,"Y轴灵敏度"开关置适当位置,读取校正信号幅度,记入表1-1中。

② 校准"校正信号"频率

将"扫速微调"旋钮置"校准"位置,"扫速"开关置适当位置,读取校正信号周期,记入表1-1。

③ 测量"校正信号"的上升时间和下降时间

调节"Y轴灵敏度"开关及微调旋钮,并移动波形,使方波波形在垂直方向上正好位于中心轴上,且上、下对称,便于阅读。通过扫速开关逐级提高扫描速度,使波形在X轴方向扩展(必要时可以利用"扫速扩展"开关将波形再扩展5倍),并同时调节触发电平旋钮,从显示屏上清楚地读出上升时间和下降时间,记入表1-1。

注意:不同型号示波器标准值有所不同,请按所使用示波器将标准值填入表中。

表1-1 校正信号幅度、频率测量

	标 准 值	实 测 值
幅度U_{p-p}(V)		
频率f(kHz)		
上升沿时间(μs)		
下降沿时间(μs)		

2. 用示波器和交流毫伏表测量信号参数

调节函数信号发生器有关旋钮,使输出频率分别为100Hz、1kHz、10kHz、100kHz,有效值均为1V(交流毫伏表测量值)的正弦波信号。

改变示波器"扫速"开关及"Y轴灵敏度"开关等位置,测量信号源输出电压频率及峰峰值,记入表1-2中。

表1-2 信号参数测量

信号电压频率	示波器测量值		信号电压毫伏表读数(V)	示波器测量值	
	周期（ms）	频率（Hz）		峰峰值（V）	有效值（V）
100Hz					
1kHz					
10kHz					
100kHz					

3. 测量两波形间相位差

(1)观察双踪显示波形"交替"与"断续"两种显示方式的特点

Y_1、Y_2均不加输入信号，输入耦合方式置"GND"，扫速开关置扫速较低挡位（如0.5s/DIV挡）和扫速较高挡位（如5μs/DIV挡），把显示方式开关分别置"交替"和"断续"位置，观察两条扫描基线的显示特点，记录之。

(2)用双踪显示测量两波形间相位差

① 按图1-2连接实验电路，将函数信号发生器的输出电压调至频率为1kHz，幅值为2V的正弦波，经RC移相网络获得频率相同但相位不同的两路信号 u_i 和 u_R，分别加到双踪示波器的 Y_1 和 Y_2 输入端。

注意：为便于稳定波形，比较两波形相位差，应使内触发信号取自被设定作为测量基准的一路信号。

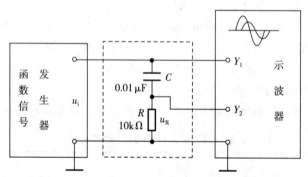

图1-2 两波形相位差测量电路

② 把显示方式开关置"交替"，将 Y_1 和 Y_2 输入耦合方式开关置"GND"，调节 Y_1、Y_2 的上下移位旋钮，使两条扫描基线重合。

③ 将 Y_1、Y_2 输入耦合方式开关置"AC"，调节触发电平、扫速开关及 Y_1、Y_2 灵敏度开关位置，使在荧屏上显示出易于观察的两个相位不同的正弦波形 u_i 及 u_R，如图1-3所示。根据两波形在水平方向差距 X，及信号周期 X_T，则可求得两波形相位差为

$$\theta = \frac{X(\text{DIV})}{X_T(\text{DIV})} \times 360°$$

式中：X_T——一周期所占格数；

X——两波形在X轴方向差距格数。

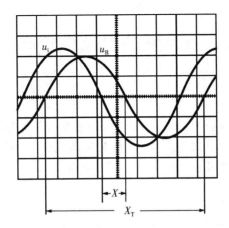

图 1-3　双踪示波器显示两相位不同的正弦波

记录两波形相位差于表 1-3 中。

注意：为读数和计算方便，可适当调节扫速开关及微调旋钮，使波形一周期占整数格。

表 1-3　两波形间相位差测量

一周期格数 X_T	两波形 X 轴差距格数 X	相位差 θ	
		实测值 θ	计算值 θ

【实验总结】

1. 整理实验数据，并进行分析。

2. 问题讨论。

(1)如何操纵示波器有关旋钮，以便从示波器显示屏上观察到稳定、清晰的波形？

(2)用双踪显示波形，并要求比较相位时，为在显示屏上得到稳定波形，应怎样选择下列开关的位置？

① 显示方式选择(Y_1、Y_2、Y_1+Y_2、交替、断续)；

② 触发方式(常态、自动)；

③ 触发源选择(内、外)；

④ 内触发源选择(Y_1、Y_2、交替)。

3. 函数信号发生器有哪几种输出波形？它的输出端能否短接，如用屏蔽线作为输出引线，则屏蔽层一端应该接在哪个接线柱上？

4. 交流毫伏表是用来测量正弦波电压还是非正弦波电压？它的表头指示值是被测信号的什么数值？它是否可以用来测量直流电压的大小？

【预习要求】

1. 阅读实验原理及实验内容中有关示波器部分内容。

2. 已知 $C=0.01\mu F$，$R=10k\Omega$，计算图 1-2 中 RC 移相网络的阻抗角。

1.2 晶体管共射极单管放大器

【实验目的】

1. 学会放大器静态工作点的调试方法，分析静态工作点对放大器性能的影响。
2. 掌握放大器电压放大倍数、输入电阻、输出电阻及最大不失真输出电压测试方法。
3. 熟悉常用电子仪器及模拟电路实验设备的使用。

【实验原理】

图 1-4 所示为电阻分压式工作点稳定单管放大器实验电路图。它的偏置电路采用 R_{B1} 和 R_{B2} 组成的分压电路，并在发射极中接有电阻 R_E，以稳定放大器的静态工作点。当在放大器的输入端加入输入信号 u_i 后，在放大器的输出端便可得到一个与 u_i 相位相反、幅值被放大了的输出信号 u_o，从而实现了电压放大。

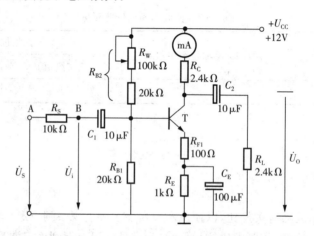

图 1-4 共射极单管放大器实验电路

在图 1-4 所示电路中，当流过偏置电阻 R_{B1} 和 R_{B2} 的电流远大于晶体管 T 的基极电流 I_B 时（一般 5～10 倍），则它的静态工作点可用下式估算

$$U_B \approx \frac{R_{B1}}{R_{B1}+R_{B2}}U_{CC}$$

$$I_E \approx \frac{U_B-U_{BE}}{R_E} \approx I_C$$

$$U_{CE}=U_{CC}-I_C(R_C+R_E)$$

电压放大倍数

$$A_V=-\beta\frac{R_C /\!/ R_L}{r_{be}}$$

输入电阻

$$R_i = R_{B1} /\!/ R_{B2} /\!/ r_{be}$$

输出电阻

$$R_O \approx R_C$$

由于电子器件性能的分散性比较大,因此在设计和制作晶体管放大电路时,离不开测量和调试技术。在设计前应测量所用元器件的参数,为电路设计提供必要的依据,在完成设计和装配以后,还必须测量和调试放大器的静态工作点和各项性能指标。一个优质放大器,必定是理论设计与实验调整相结合的产物。因此,除了学习放大器的理论知识和设计方法外,还必须掌握必要的测量和调试技术。

放大器的测量和调试一般包括:放大器静态工作点的测量与调试,消除干扰与自激振荡及放大器各项动态参数的测量与调试等。

1. 放大器静态工作点的测量与调试

(1)静态工作点的测量

测量放大器的静态工作点,应在输入信号 $u_i = 0$ 的情况下进行,即将放大器输入端与地端短接,然后选用量程合适的直流毫安表和直流电压表,分别测量晶体管的集电极电流 I_C 以及各电极对地的电位 U_B、U_C 和 U_E。一般实验中,为了避免断开集电极,所以采用测量电压 U_E 或 U_C,然后算出 I_C 的方法。例如,只要测出 U_E,即可算出

$$I_C \approx I_E = \frac{U_E}{R_E}(也可根据 I_C = \frac{U_{CC} - U_C}{R_C},由 U_C确定 I_C)$$

同时也能算出 $U_{BE} = U_B - U_E$,$U_{CE} = U_C - U_E$。

为了减小误差,提高测量精度,应选用内阻较高的直流电压表。

(2)静态工作点的调试

放大器静态工作点的调试是指对管子集电极电流 I_C(或 U_{CE})的调整与测试。

静态工作点是否合适,对放大器的性能和输出波形都有很大影响。如工作点偏高,放大器在加入交流信号以后易产生饱和失真,此时 u_o 的负半周将被削底,如图 1-5a 所示;如工作点偏低则易产生截止失真,即 u_o 的正半周被缩顶(一般截止失真不如饱和失真明显),如图 1-5b 所示。这些情况都不符合不失真放大的要求,所以在选定工作点以后还必须进行动态调试,即在放大器的输入端加入一定的输入电压 u_i,检查输出电压 u_o 的大小和波形是否满足要求。如不满足,则应调节静态工作点的位置。

改变电路参数 U_{CC}、R_C、R_B(R_{B1}、R_{B2})都会引起静态工作点的变化,如图 1-6 所示。但通常多采用调节偏置电阻 R_{B2} 的方法来改变静态工作点,如减小 R_{B2},则可使静态工作点提高等。

最后还要说明的是,上面所说的工作点"偏高"或"偏低"不是绝对的,应该是相对信号的幅度而言,如输入信号幅度很小,即使工作点较高或较低也不一定会出现失真。所以确切地说,产生波形失真是信号幅度与静态工作点设置配合不当所致。如需满足较大信号幅度的

要求,静态工作点最好尽量靠近交流负载线的中点。

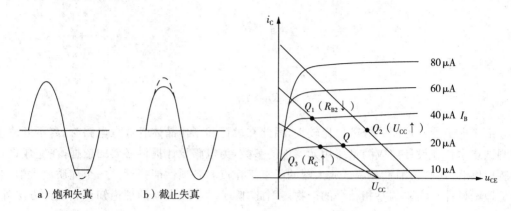

a）饱和失真　　　b）截止失真

图1-5　静态工作点对 u_o 波形失真的影响　　　图1-6　电路参数对静态工作点的影响

2. 放大器动态指标测试

放大器动态指标包括电压放大倍数、输入电阻、输出电阻、最大不失真输出电压（动态范围）和通频带等。

（1）电压放大倍数 A_u 的测量

调整放大器到合适的静态工作点,然后加入输入电压 u_i,在输出电压 u_o 不失真的情况下,用交流毫伏表测出 u_i 和 u_o 的有效值 U_i 和 U_o,则

$$A_u = \frac{U_0}{U_i}$$

（2）输入电阻 R_i 的测量

为了测量放大器的输入电阻,按图1-7所示电路在被测放大器的输入端与信号源之间串入一已知电阻 R,在放大器正常工作的情况下,用交流毫伏表测出 U_s 和 U_i,则根据输入电阻的定义可得

$$R_i = \frac{U_i}{I_i} = \frac{U_i}{\dfrac{U_R}{R}} = \frac{U_i}{U_s - U_i} R$$

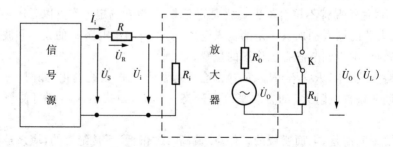

图1-7　输入、输出电阻测量电路

注　意：

①由于电阻R两端没有电路公共接地点，所以测量R两端电压U_R时必须分别测出U_S和U_i，然后按$U_R=U_S-U_i$求出U_R值。

②电阻R的值不宜取得过大或过小，以免产生较大的测量误差，通常取R与R_i为同一数量级为好，本实验R可取$1\sim2k\Omega$。

（3）输出电阻R_o的测量

按图1-7电路，在放大器正常工作条件下，测出输出端不接负载R_L的输出电压U_o和接入负载后的输出电压U_L，根据$U_L=\dfrac{R_L}{R_o+R_L}U_o$即可求出

$$R_o=(\frac{U_o}{U_L}-1)R_L$$

注意：在测试中，必须保持R_L接入前后输入信号的大小不变。

（4）最大不失真输出电压U_{opp}的测量（最大动态范围）

如上所述，为了得到最大动态范围，应将静态工作点调在交流负载线的中点。为此在放大器正常工作情况下，逐步增大输入信号的幅度，并同时调节R_w（改变静态工作点），用示波器观察u_o，当输出波形同时出现削底和缩顶现象（如图1-8时），说明静态工作点已调在交流负载线的中点。然后反复调整输入信号，使波形输出幅度最大，且无明显失真时，用交流毫伏表测出U_o（有效值），则动态范围等于$2\sqrt{2}U_o$，或用示波器直接读出U_{opp}来。

（5）放大器幅频特性的测量

放大器的幅频特性是指放大器的电压放大倍数A_u与输入信号频率f之间的关系曲线。单管阻容耦合放大电路的幅频特性曲线如图1-9所示，A_{um}为中频电压放大倍数，通常规定电压放大倍数随频率变化下降到中频放大倍数的$1/\sqrt{2}$倍，即$0.707A_{um}$所对应的频率分别称为下限频率f_L和上限频率f_H，则通频带$f_{BW}=f_H-f_L$。

放大器的幅率特性就是测量不同频率信号时的电压放大倍数A_u。为此，可采用前述测A_u的方法，每改变一个信号频率，测量其相应的电压放大倍数。

注意：测量时取点要恰当，在低频段与高频段应多测几点，在中频段可以少测几点。此外，在改变频率时，要保持输入信号的幅度不变，且输出波形不失真。

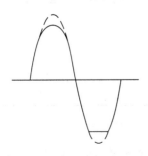

图1-8 静态工作点正常，输入信号太大引起的失真

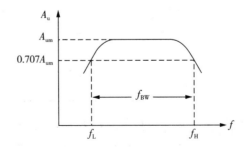

图1-9 幅频特性曲线

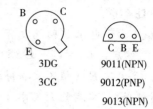

图 1-10 晶体三极管管脚排列

【实验设备与器件】

＋12V 直流电源；函数信号发生器；双踪示波器；交流毫伏表；直流电压表；直流毫安表；频率计；万用电表；3DG6×1（β＝50～100）或 9011×1（管脚排列如图 1-10 所示）、电阻器、电容器若干。

【实验内容】

实验电路如图 1-4 所示。为防止干扰，各仪器的公共端必须连在一起，同时信号源、交流毫伏表和示波器的引线应采用专用电缆线或屏蔽线，如使用屏蔽线，则屏蔽线的外包金属网应接在公共接地端上。

1. 调试静态工作点

接通直流电源前，先将 R_W 调至最大，函数信号发生器输出旋钮旋至零。接通＋12V 电源、调节 R_W，使 I_C＝2.0mA（即 U_E＝2.0V），用直流电压表测量 U_B、U_E、U_C 及用万用电表测量 R_{B2} 值，记入表 1-4 中。

表 1-4 静态工作点测试（I_C＝2mA）

测　量　值				计　算　值		
U_B(V)	U_E(V)	U_C(V)	R_{B2}(kΩ)	U_{BE}(V)	U_{CE}(V)	I_C(mA)

2. 测量电压放大倍数

在放大器输入端加入频率为 1kHz 的正弦信号 u_S，调节函数信号发生器的输出旋钮使放大器输入电压 U_i≈10mV，同时用示波器观察放大器输出电压 u_o 波形，在波形不失真的条件下用交流毫伏表测量下述三种情况下的 U_o 值，并用双踪示波器观察 u_o 和 u_i 的相位关系，记入表 1-5 中。

表 1-5 电压放大倍数测量（I_C＝2.0mA，U_i＝10mV）

R_C(kΩ)	R_L(kΩ)	U_o(V)	A_u	观察记录一组 u_o 和 u_i 波形
2.4	∞			
1.2	∞			
2.4	2.4			

3. 观察静态工作点对电压放大倍数的影响

置 R_C＝2.4kΩ，R_L＝∞，U_i 适量，调节 R_W，用示波器监视输出电压波形，在 u_o 不失真的条件下，测量数组 I_C 和 U_o 值，记入表 1-6 中。

注意：测量 I_C 时，要先将信号源输出旋钮旋至零（即使 U_i＝0V）。

表1-6 静态工作点对电压放大倍数的影响($R_C=2.4kΩ,R_L=∞,U_i=10mV$)

I_C(mA)	1	1.5	2.0	2.5	3
U_o(V)					
A_V					

4. 观察静态工作点对输出波形失真的影响

置$R_C=2.4kΩ,R_L=∞,u_i=0$,调节R_w使$I_C=2.0mA$,测出U_{CE}值,再逐步加大输入信号,使输出电压u_o足够大但不失真。然后保持输入信号不变,分别增大和减小R_w,使波形出现失真,绘出u_o的波形,并测出失真情况下的I_C和U_{CE}值,记入表1-7中。

注意:每次测I_C和U_{CE}值时,都要将信号源的输出旋钮旋至零。

表1-7 静态工作点对输出波形失真影响测试($R_C=2.4kΩ,R_L=∞$)

I_C(mA)	U_{CE}(V)	u_o波形	失真情况	晶体管工作状态
2.0				

5. 测量最大不失真输出电压

置$R_C=2.4kΩ,R_L=2.4kΩ$,同时调节输入信号的幅度和电位器R_w,用示波器和交流毫伏表测量U_{opp}及U_o值,记入表1-8中。

表1-8 最大不失真输出电压测量($R_C=2.4kΩ,R_L=2.4kΩ$)

I_C(mA)	U_{im}(mV)	U_{om}(V)	U_{opp}(V)

*6. 测量输入电阻和输出电阻

置$R_C=2.4kΩ,R_L=2.4kΩ,I_C=2.0mA$。输入$f=1kHz$的正弦信号,加到$u_s$端。在输出电压$u_o$不失真的情况下,用交流毫伏表测出$U_S、U_i$和$U_L$,记入表1-9中。

保持U_S不变,断开R_L,测量输出电压U_o,记入表1-9中。

表1-9 输入电阻和输出电阻测量($I_C=2mA,R_C=2.4kΩ,R_L=2.4kΩ$)

U_S(mv)	U_i(mv)	R_i(kΩ)		U_L(V)	U_o(V)	R_o(kΩ)	
		测量值	计算值			测量值	计算值

＊7. 测量幅频特性曲线

取 $I_C=2.0\text{mA}$，$R_C=2.4\text{k}\Omega$，$R_L=2.4\text{k}\Omega$，保持输入信号 u_i 的幅度不变，改变信号源频率 f，逐点测出相应的输出电压 U_o，记入表 1-10 中。

注意：为了信号源频率 f 取值合适，可先粗测一下，找出中频范围，然后再仔细读数。

表 1-10　幅频特性曲线测量（$U_i=100\text{mV}$）

	f_l	f_o	f_n
$f(\text{kHz})$			
$U_o(\text{V})$			
$A_v=U_o/U_i$			

【实验总结】

1. 列表整理测量结果，并把实测的静态工作点、电压放大倍数、输入电阻、输出电阻之值与理论计算值比较（取一组数据进行比较），分析产生误差原因。

2. 总结 R_C、R_L 及静态工作点对放大器电压放大倍数、输入电阻、输出电阻的影响。

3. 讨论静态工作点变化对放大器输出波形的影响。

4. 分析讨论在调试过程中出现的问题。

【预习要求】

1. 阅读教材中有关单管放大电路的内容并估算实验电路的性能指标。

假设：3DG6 的 $\beta=100$，$R_{B1}=20\text{k}\Omega$，$R_{B2}=60\text{k}\Omega$，$R_C=2.4\text{k}\Omega$，$R_L=2.4\text{k}\Omega$，估算放大器的静态工作点、电压放大倍数 A_u、输入电阻 R_i 和输出电阻 R_o。

2. 能否用直流电压表直接测量晶体管的 U_{BE}？为什么实验中要采用测 U_B、U_E，再间接算出 U_{BE} 的方法？

3. 怎样测量 R_{B2} 阻值？

4. 当调节偏置电阻 R_{B2}，使放大器输出波形出现饱和或截止失真时，晶体管的管压降 U_{CE} 怎样变化？

5. 改变静态工作点对放大器的输入电阻 R_i 有否影响？改变外接电阻 R_L 对输出电阻 R_o 有否影响？

6. 在测试 A_u、R_i 和 R_o 时怎样选择输入信号的大小和频率？为什么信号频率一般选 1kHz，而不选 100kHz 或更高？

7. 测试中，如果将函数信号发生器、交流毫伏表、示波器中任一仪器的两个测试端子接线换位（即各仪器的接地端不再连在一起），将会出现什么问题？

【备注】图 1-11 所示为共射极单管放大器与带有负反馈的两级放大器共用实验电路。如将 K_1、K_2 断开，则前级（Ⅰ）为典型电阻分压式单管放大器；如将 K_1、K_2 接通，则前级（Ⅰ）与后级（Ⅱ）接通，组成带有电压串联负反馈两级放大器。

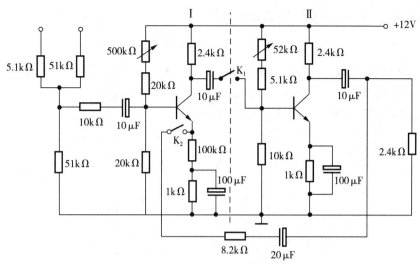

图 1-11　共射极单管放大器与带有负反馈的两级放大器共用实验电路

1.3　射极跟随器

【实验目的】

1. 掌握射极跟随器的特性及测试方法。
2. 进一步学习放大器各项参数测试方法。

【实验原理】

　　射极跟随器的原理图如图 1-12 所示。它是一个电压串联负反馈放大电路,它具有输入电阻高,输出电阻低,电压放大倍数接近于 1,输出电压能够在较大范围内跟随输入电压作线性变化以及输入、输出信号同相等特点。

　　射极跟随器的输出取自发射极,故称其为射极输出器。

1. 输入电阻 R_i

图 1-12 所示电路中

$$R_i = r_{be} + (1 + \beta)R_E$$

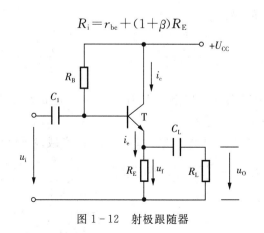

图 1-12　射极跟随器

13

如考虑偏置电阻 R_B 和负载 R_L 的影响,则

$$R_i = R_B // [r_{be} + (1+\beta)(R_E // R_L)]$$

由上式可知:射极跟随器的输入电阻 R_i 比共射极单管放大器的输入电阻 $R_i = R_B // r_{be}$ 要高得多,但由于偏置电阻 R_B 的分流作用,输入电阻难以进一步提高。

输入电阻的测试方法同单管放大器,实验线路如图 1-13 所示。

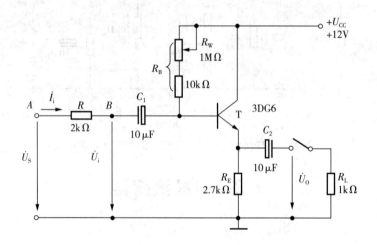

图 1-13 射极跟随器实验电路

$$R_i = \frac{U_i}{I_i} = \frac{U_i}{U_s - U_i} R$$

即只要测得 A、B 两点的对地电位即可计算出 R_i。

2. 输出电阻 R_o

图 1-12 所示电路中,

$$R_o = \frac{r_{be}}{\beta} // R_E \approx \frac{r_{be}}{\beta}$$

如考虑信号源内阻 R_S,则

$$R_o = \frac{r_{be} + (R_S // R_B)}{\beta} // R_E \approx \frac{r_{be} + (R_S // R_B)}{\beta}$$

由上式可知:射极跟随器的输出电阻 R_o 比共射极单管放大器的输出电阻 $R_o \approx R_c$ 低得多。三极管的 β 愈高,输出电阻愈小。

输出电阻 R_o 的测试方法亦同单管放大器,即先测出空载输出电压 U_o,再测接入负载 R_L 后的输出电压 U_L,根据 $U_L = \frac{R_L}{R_o + R_L} U_o$,即可求出:

$$R_o = \left(\frac{U_o}{U_L} - 1\right) R_L$$

3. 电压放大倍数 A_u

图 1-12 所示电路中,

$$A_u = \frac{(1+\beta)(R_E /\!/ R_L)}{r_{be} + (1+\beta)(R_E /\!/ R_L)} \leqslant 1$$

上式说明射极跟随器的电压放大倍数小于近于 1,且为正值,这是深度电压负反馈的结果。但它的射极电流仍比基流大 $(1+\beta)$ 倍,所以它具有一定的电流和功率放大作用。

4. 电压跟随范围

电压跟随范围是指射极跟随器输出电压 u_o 跟随输入电压 u_i 作线性变化的区域。当 u_i 超过一定范围时,u_o 便不能跟随 u_i 作线性变化,即 u_o 波形产生了失真。为了使输出电压 u_o 正、负半周对称,并充分利用电压跟随范围,静态工作点应选在交流负载线中点,测量时可直接用示波器读取 u_o 的峰峰值 U_{opp},即电压跟随范围;或用交流毫伏表读取 u_o 的有效值 U_o,则电压跟随范围

$$U_{opp} = 2\sqrt{2}U_o$$

【实验设备与器件】

+12V 直流电源;函数信号发生器;双踪示波器;交流毫伏表;直流电压表;频率计;3DG12×1($\beta=50\sim100$)或 9013×1、电阻器、电容器若干。

【实验内容】

按图 1-13 所示连接电路。

1. 静态工作点的调整

接通 +12V 直流电源,在 B 点加入 $f=1\text{kHz}$ 正弦信号 u_i,输出端用示波器监视输出波形,反复调整 R_W 及信号源的输出幅度,使在示波器的屏幕上得到一个最大不失真输出波形,然后置 $u_i=0\text{V}$,用直流电压表测量晶体管各电极对地电位,将测得数据记入表 1-11 中。

表 1-11 静态工作点测试

U_E(V)	U_B(V)	U_C(V)	I_E(mA)

注意:在下面整个测试过程中应保持 R_W 值不变,即保持静工作点 I_E 不变。

2. 测量电压放大倍数 A_u

接入负载 $R_L=1\text{k}\Omega$,在 B 点加 $f=1\text{kHz}$ 正弦信号 u_i,调节输入信号幅度,用示波器观察输出波形 u_o,在输出最大不失真情况下,用交流毫伏表测 U_i、U_L 值,记入表 1-12 中。

表 1-12 电压放大倍数 A_v 测量

U_i(V)	U_L(V)	A_u

3. 测量输出电阻 R_o

接上负载 $R_L=1\text{k}\Omega$，在 B 点加 $f=1\text{kHz}$ 正弦信号 u_i，用示波器监视输出波形，测空载输出电压 U_o，有负载时输出电压 U_L，记入表 1 - 13 中。

表 1 - 13　输出电阻 R_o 测量

$U_o(\text{V})$	$U_L(\text{V})$	$R_o(\text{k}\Omega)$

4. 测量输入电阻 R_i

在 A 点加 $f=1\text{kHz}$ 的正弦信号 u_S，用示波器监视输出波形，用交流毫伏表分别测出 A、B 点对地的电位 U_S、U_i，记入表 1 - 14 中。

表 1 - 14　输入电阻 R_i 测量

$U_S(\text{V})$	$U_i(\text{V})$	$R_i(\text{k}\Omega)$

5. 测试跟随特性

接入负载 $R_L=1\text{k}\Omega$，在 B 点加入 $f=1\text{kHz}$ 正弦信号 u_i，逐渐增大信号 u_i 幅度，用示波器监视输出波形直至输出波形达最大不失真，测量对应的 U_L 值，记入表 1 - 15 中。

表 1 - 15　跟随特性测试

$U_i(\text{V})$	
$U_L(\text{V})$	

6. 测试频率响应特性

保持输入信号 u_i 幅度不变，改变信号源频率，用示波器监视输出波形，用交流毫伏表测量不同频率下的输出电压 U_L 值，记入表 1 - 16 中。

表 1 - 16　频率响应特性测试

$f(\text{kHz})$	
$U_L(\text{V})$	

【实验总结】

1. 整理实验数据，并画出曲线 $U_L=f(U_i)$ 及 $U_L=f(f)$ 曲线。
2. 分析射极跟随器的性能和特点。

【预习要求】

1. 复习射极跟随器的工作原理。
2. 根据图 1 - 13 所示的元件参数值估算静态工作点，并画出交流、直流负载线。

【备注】在一些电子测量仪器中,为了减轻仪器对信号源所取用的电流,以提高测量精度,通常采用图1-14所示带有自举电路的射极跟随器,以提高偏置电路的等效电阻,从而保证射极跟随器有足够高的输入电阻。

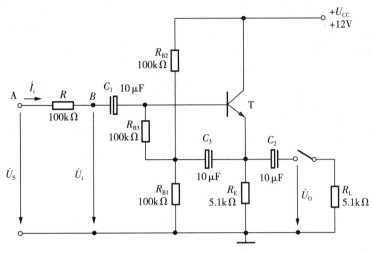

图1-14 有自举电路的射极跟随器

1.4 负反馈放大器

【实验目的】

加深理解放大电路中引入负反馈的方法和负反馈对放大器各项性能指标的影响。

【实验原理】

负反馈在电子电路中有着非常广泛的应用,虽然它使放大器的放大倍数降低,但能在多方面改善放大器的动态指标,如稳定放大倍数,改变输入、输出电阻,减小非线性失真和展宽通频带等。因此,几乎所有的实用放大器都带有负反馈。

负反馈放大器有四种组态,即电压串联、电压并联、电流串联、电流并联。本实验以电压串联负反馈为例,分析负反馈对放大器各项性能指标的影响。

图1-15所示为带有负反馈的两级阻容耦合放大电路,在电路中通过 R_f 把输出电压 u_o 引回到输入端,加在晶体管 T_1 的发射极上,在发射极电阻 R_{F1} 上形成反馈电压 u_f。根据反馈的判断法可知,它属于电压串联负反馈。其主要性能指标如下。

(1)闭环电压放大倍数

$$A_{uf} = \frac{A_u}{1 + A_u F_u}$$

其中,$A_u = U_o/U_i$ 为基本放大器(无反馈)的电压放大倍数,即开环电压放大倍数;$1 + A_u F_u$ 为反馈深度,它的大小决定了负反馈对放大器性能改善的程度。

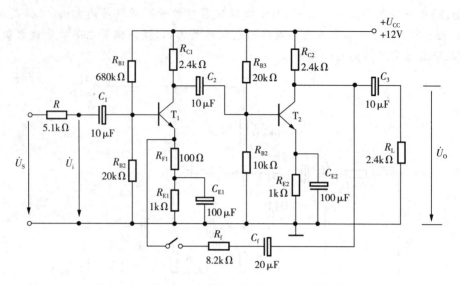

图 1-15　带有电压串联负反馈的两级阻容耦合放大器

（2）反馈系数

$$F_u = \frac{R_{F1}}{R_f + R_{F1}}$$

（3）输入电阻

$$R_{if} = (1 + A_u F_u) R_i$$

其中，R_i 为基本放大器的输入电阻。

（4）输出电阻

$$R_{of} = \frac{R_o}{1 + A_{uo} F_u}$$

其中，R_o 为基本放大器的输出电阻，A_{uo} 为基本放大器 $R_L = \infty$ 时的电压放大倍数。

本实验还需要测量基本放大器的动态参数，怎样实现无反馈而得到基本放大器呢？不能简单地断开反馈支路，而是要去掉反馈作用，但又要把反馈网络的影响（负载效应）考虑到基本放大器中去。为此：

（1）在画基本放大器的输入回路时，因为是电压负反馈，所以可将负反馈放大器的输出端交流短路，即令 $U_o = 0$，此时 R_f 相当于并联在 R_{F1} 上。

（2）在画基本放大器的输出回路时，由于输入端是串联负反馈，因此需将反馈放大器的输入端（T_1 管的射极）开路，此时（$R_f + R_{F1}$）相当于并接在输出端，可近似认为 R_f 并接在输出端。

根据上述规律，就可得到所要求的如图 1-16 所示的基本放大器。

【实验设备与器件】

　＋12V 直流电源；函数信号发生器；双踪示波器；交流毫伏表；直流电压表；频率计；

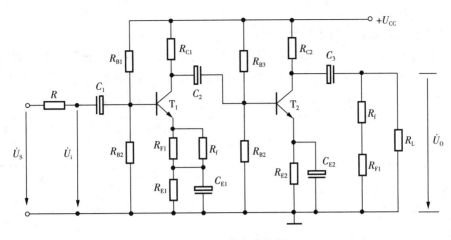

图1-16　基本放大器

3DG6×2(β＝50～100)或9011×2、电阻器、电容器若干。

【实验内容】

1. 测量静态工作点

按图1-15所示连接实验电路,取U_{CC}＝＋12V,U_i＝0,用直流电压表分别测量第一级、第二级的静态工作点,记入表1-17中。

表1-17　静态工作点测试

	U_B(V)	U_E(V)	U_C(V)	I_C(mA)
第一级				
第二级				

2. 测试基本放大器的各项性能指标

将实验电路按图1-16所示改接,即把R_f断开后分别并在R_{F1}和R_L上,其他连线不动。

(1)测量中频电压放大倍数A_u,输入电阻R_i和输出电阻R_o。

① 将f＝1kHz,U_s约5mV正弦信号输入放大器,用示波器监视输出波形u_o,在u_o不失真的情况下,用交流毫伏表测量U_s、U_i、U_L,记入表1-18中。

表1-18　基本放大器和负反馈放大器A_v、R_i和R_o测试

基本放大器	U_s(mv)	U_i(mv)	U_L(V)	U_o(V)	A_u	R_i(kΩ)	R_o(kΩ)
负反馈放大器	U_s(mv)	U_i(mv)	U_L(V)	U_o(V)	A_{uf}	R_{if}(kΩ)	$R_{of}^{'}$(kΩ)

② 保持U_s不变,断开负载电阻R_L,测量空载时的输出电压U_o,记入表1-18中。

(2)测量通频带。

接上R_L,保持(1)中的U_s不变,然后增加和减小输入信号的频率,找出上限、下限频率

f_H 和 f_L，记入表 1-19 中。

3. 测试负反馈放大器的各项性能指标

接通 R_f 与 C_f 构成的反馈支路。适当加大 U_s（约 10mV），在输出波形不失真时，测量负反馈放大器的 A_{uf}、R_{if} 和 R_{of}，记入表 1-18 中；测量 f_{Hf} 和 f_{Lf}，记入表 1-19 中。

表 1-19　基本放大器和负反馈放大器通频带测试

基本放大器	f_L(kHz)	f_H(kHz)	$\triangle f$(kHz)
负反馈放大器	f_{Lf}(kHz)	f_{Hf}(kHz)	$\triangle f_f$(kHz)

＊4. 观察负反馈对非线性失真的改善

（1）实验电路改接成基本放大器形式，在输入端加入 $f=1kHz$ 的正弦信号，输出端接示波器，逐渐增大输入信号的幅度，使输出波形开始出现失真，记下此时的波形和输出电压的幅度。

（2）再将实验电路改接成负反馈放大器形式，增大输入信号幅度，使输出电压幅度的大小与（1）相同，比较有负反馈时，输出波形的变化。

【实验总结】

1. 将基本放大器和负反馈放大器动态参数的实测值和理论估算值列表进行比较。
2. 根据实验结果，总结电压串联负反馈对放大器性能的影响。

【预习要求】

1. 复习教材中有关负反馈放大器的内容。
2. 按实验电路 1-15 所示估算放大器的静态工作点（取 $\beta_1 = \beta_2 = 100$）。
3. 估算基本放大器的 A_u、R_i 和 R_o；估算负反馈放大器的 A_{uf}、R_{if} 和 R_{of}，并验算它们之间的关系。
4. 如按深负反馈估算，则闭环电压放大倍数 A_{uf} 为多少？和测量值是否一致？为什么？
5. 如输入信号存在失真，能否用负反馈来改善？

【备注】如果实验装置上有放大器固定实验模块，则可参考 1.2 节中图 1-11 进行实验。

1.5　差动放大器

【实验目的】

1. 加深对差动放大器性能及特点的理解。
2. 学习差动放大器主要性能指标的测试方法。

【实验原理】

图 1-17 所示是差动放大器的基本结构，它由两个元件参数相同的基本共射放大电路组成。

当开关 K 拨向左边时，构成典型的差动放大器。调零电位器 R_P 用来调节 T_1、T_2 管的静态工作点，使得输入信号 $U_i = 0$ 时，双端输出电压 $U_o = 0$。R_E 为两管共用的发射极电阻，它对差模信号无负反馈作用，因而不影响差模电压放大倍数，但对共模信号有较强的负反馈作用，故可以有效地抑制零漂，稳定静态工作点。

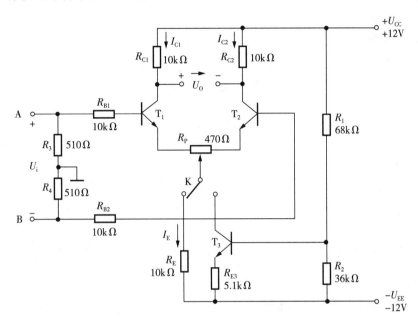

图 1-17　差动放大器实验电路

当开关 K 拨向右边时，构成具有恒流源的差动放大器。它用晶体管恒流源代替发射极电阻 R_E，可以进一步提高差动放大器抑制共模信号的能力。

1. 静态工作点的估算

（1）典型电路

$$I_E \approx \frac{|U_{EE}| - U_{BE}}{R_E} \quad (认为 U_{B1} = U_{B2} \approx 0)$$

$$I_{C1} = I_{C2} = \frac{1}{2} I_E$$

（2）恒流源电路

$$I_{C3} \approx I_{E3} \approx \frac{\dfrac{R_2}{R_1 + R_2}(U_{CC} + |U_{EE}|) - U_{BE}}{R_{E3}}$$

$$I_{C1} = I_{C2} = \frac{1}{2} I_{C3}$$

2. 差模电压放大倍数和共模电压放大倍数

（1）差模电压放大倍数 A_d

当差动放大器的射极电阻 R_E 足够大，或采用恒流源电路时，差模电压放大倍数 A_d 由输

21

出端方式决定,而与输入方式无关。

① 双端输出 $R_E = \infty$, R_P 在中心位置时,

$$A_d = \frac{\Delta U_o}{\Delta U_i} = -\frac{\beta R_C}{R_B + r_{be} + \frac{1}{2}(1+\beta)R_P}$$

② 单端输出时,

$$A_{d1} = \frac{\Delta U_{C1}}{\Delta U_i} = \frac{1}{2}A_d$$

$$A_{d2} = \frac{\Delta U_{C2}}{\Delta U_i} = -\frac{1}{2}A_d$$

(2)共模电压放大倍数

当输入共模信号时:

① 若为单端输出,则有

$$A_{C1} = A_{C2} = \frac{\Delta U_{C1}}{\Delta U_i} = \frac{-\beta R_C}{R_B + r_{be} + (1+\beta)\left(\frac{1}{2}R_P + 2R_E\right)} \approx -\frac{R_C}{2R_E}$$

② 若为双端输出,在理想情况下

$$A_C = \frac{\Delta U_o}{\Delta U_i} = 0$$

注意:实际上,由于元件不可能完全对称,因此 A_c 也不会绝对等于零。

3. 共模抑制比 K_{CMR}

为了表征差动放大器对有用信号(差模信号)的放大作用和对共模信号的抑制能力,通常用一个综合指标来衡量,即共模抑制比

$$K_{CMR} = \left|\frac{A_d}{A_c}\right| \quad \text{或} \quad K_{CMR} = 20\lg\left|\frac{A_d}{A_c}\right| \text{(dB)}$$

差动放大器的输入信号可采用直流信号也可采用交流信号。本实验由函数信号发生器提供频率 $f = 1\text{kHz}$ 的正弦信号作为输入信号。

【实验设备与器件】

+12V 直流电源;函数信号发生器;双踪示波器;交流毫伏表;直流电压表;3DG6×3(要求 T1、T2 管特性参数一致)或 9011×3、电阻器、电容器若干。

【实验内容】

1. 典型差动放大器性能测试

按图 1-17 所示连接实验电路,开关 K 拨向左边构成典型差动放大器。

(1)测量静态工作点

① 调节放大器零点

信号源不接入。将放大器输入端 A、B 与地短接,接通±12V 直流电源,用直流电压表测量输出电压 U_o,调节调零电位器 R_P,使 $U_o=0$。调节要仔细,力求准确。

② 测量静态工作点

零点调好以后,用直流电压表测量 T_1、T_2 管各电极电位及射极电阻 R_E 两端电压 U_{RE},记入表 1-20 中。

表 1-20 静态工作点测量

测量值	U_{C1}(V)	U_{B1}(V)	U_{E1}(V)	U_{C2}(V)	U_{B2}(V)	U_{E2}(V)	U_{RE}(V)
计算值	I_C(mA)			I_B(mA)		U_{CE}(V)	

(2)测量差模电压放大倍数 A_d

断开直流电源,将函数信号发生器的输出端接放大器输入 A 端,地端接放大器输入 B 端构成单端输入方式,调节输入信号为频率 $f=1kHz$ 的正弦信号,并使输出旋钮旋至零,用示波器监视输出端(集电极 C_1 或 C_2 与地之间)。

接通±12V 直流电源,逐渐增大输入电压 U_i(约 100mV),在输出波形无失真的情况下,用交流毫伏表测 U_i、U_{c1}、U_{c2},记入表 1-21 中,并观察 u_i、u_{c1}、u_{c2} 之间的相位关系及 U_{RE} 随 U_i 改变而变化的情况。

(3)测量共模电压放大倍数 A_c

将放大器 A、B 短接,信号源接 A 端与地之间,构成共模输入方式,调节输入信号 $f=1kHz$,$U_i=1V$,在输出电压无失真的情况下,测量 U_{c1}、U_{c2} 之值记入表 1-21 中,并观察 u_i、u_{c1}、u_{c2} 之间的相位关系及 U_{RE} 随 U_i 改变而变化的情况。

2. 具有恒流源的差动放大电路性能测试

将图 1-17 所示电路中开关 K 拨向右边,构成具有恒流源的差动放大电路。重复内容 1-(2)、1-(3)的要求,记入表 1-21 中。

表 1-21 差模电压放大倍数和共模电压放大倍数

	典型差动放大电路		具有恒流源差动放大电路	
	单端输入	共模输入	单端输入	共模输入
U_i	100mV	1V	100mV	1V
U_{C1}(V)				
U_{C2}(V)				
U_o(V)				
$A_{d1}=\dfrac{U_{C1}}{U_i}$		/		/

（续表）

	典型差动放大电路		具有恒流源差动放大电路	
	单端输入	共模输入	单端输入	共模输入
$A_d = \dfrac{U_o}{U_i}$		/		/
$A_{C1} = \dfrac{U_{C1}}{U_i}$	/		/	
$A_C = \dfrac{U_o}{U_i}$	/		/	
$K_{CMR} = \left\| \dfrac{A_{d1}}{A_{C1}} \right\|$				

【实验总结】

1. 整理实验数据，列表比较实验结果和理论估算值，分析误差原因。

① 静态工作点和差模电压放大倍数。

② 典型差动放大电路单端输出时的 K_{CMR} 实测值与理论值比较。

③ 典型差动放大电路单端输出时 K_{CMR} 的实测值与具有恒流源差动放大器 K_{CMR} 实测值比较。

2. 比较 u_i、u_{c1} 和 u_{c2} 之间的相位关系。

3. 根据实验结果，总结电阻 R_E 和恒流源的作用。

【预习要求】

1. 根据实验电路参数，估算典型差动放大器和具有恒流源的差动放大器的静态工作点及差模电压放大倍数（取 $\beta_1 = \beta_2 = 100$）。

2. 测量静态工作点时，放大器输入端 A、B 与地应如何连接？

3. 实验中怎样获得双端和单端输入差模信号？怎样获得共模信号？画出 A、B 端与信号源之间的连接图。

4. 怎样进行静态调零点？用什么仪表测 U_o？

5. 怎样用交流毫伏表测双端输出电压 U_o？

1.6 模拟运算电路

【实验目的】

1. 研究由集成运算放大器组成的比例、加法、减法和积分等基本运算电路的功能。

2. 了解运算放大器在实际应用时应考虑的一些问题。

【实验原理】

集成运算放大器是一种具有高电压放大倍数的直接耦合多级放大电路。当外部接入不同的线性或非线性元器件组成输入和负反馈电路时，可以灵活地实现各种特定的函数关系。在线性应用方面，可组成比例、加法、减法、积分、微分、对数等模拟运算电路。

1. 理想运算放大器特性

在大多数情况下,将运放视为理想运放,就是将运放的各项技术指标理想化,满足下列条件的运算放大器称为理想运放。

开环电压增益 $A_{ud} = \infty$

输入阻抗 $r_i = \infty$

输出阻抗 $r_o = 0$

带宽 $f_{BW} = \infty$

失调与漂移均为零等。

理想运放在线性应用时的两个重要特性:

(1)输出电压 U_o 与输入电压之间满足关系式

$$U_o = A_{ud}(U_+ - U_-)$$

由于 $A_{ud} = \infty$,而 U_o 为有限值,因此,$U_+ - U_- \approx 0$,即 $U_+ \approx U_-$,称为"虚短"。

(2)由于 $r_i = \infty$,故流进运放两个输入端的电流可视为零,即 $I_{IB} = 0$,称为"虚断"。

上述两个特性是分析理想运放应用电路的基本原则,可简化运放电路的计算。

2. 基本运算电路

(1)反相比例运算电路

其电路如图 1-18 所示。对于理想运放,该电路的输出电压与输入电压之间的关系为

$$U_o = -\frac{R_F}{R_1}U_i$$

为减小输入级偏置电流引起的运算误差,在同相输入端应接入平衡电阻 $R_2 = R_1 /\!/ R_F$。

(2)反相加法电路

其电路如图 1-19 所示,输出电压与输入电压之间的关系为

$$U_o = -\left(\frac{R_F}{R_1}U_{i1} + \frac{R_F}{R_2}U_{i2}\right)$$

$$R_3 = R_1 /\!/ R_2 /\!/ R_F$$

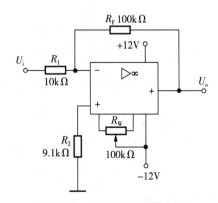

图 1-18   反相比例运算电路

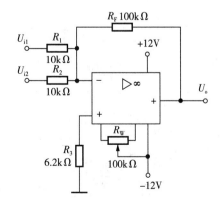

图 1-19   反相加法运算电路

(3)同相比例运算电路

同相比例运算电路如图 1-20a 所示,它的输出电压与输入电压之间的关系为

$$U_o = \left(1 + \frac{R_F}{R_1}\right) U_i$$

$$R_2 = R_1 /\!/ R_F$$

当 $R_1 \to \infty$ 时，$U_o = U_i$，即得到如图 1-20b 所示的电压跟随器。图中 $R_2 = R_F$，用以减小漂移和起保护作用。一般 R_F 取 $10\text{k}\Omega$，R_F 太小起不到保护作用，太大则影响跟随性。

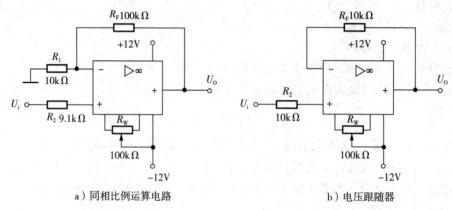

a）同相比例运算电路   b）电压跟随器

图 1-20　同相比例运算电路

（4）差动放大电路（减法器）

对于如图 1-21 所示的减法运算电路，当 $R_1 = R_2$，$R_3 = R_F$ 时，有如下关系式

$$U_o = \frac{R_F}{R_1}(U_{i2} - U_{i1})$$

（5）积分运算电路

反相积分电路如图 1-22 所示。在理想化条件下，输出电压

$$u_o(t) = -\frac{1}{R_1 C}\int_0^t u_i \, \mathrm{d}t + u_C(0)$$

式中 $u_c(0)$ 是 $t = 0$ 时刻电容 C 两端的电压值，即初始值。

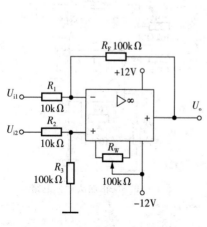

图 1-21　减法运算电路

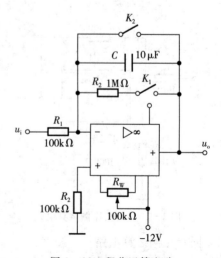

图 1-22　积分运算电路

如果 $u_i(t)$ 是幅值为 E 的阶跃电压,并设 $u_c(0)=0$,则

$$u_o(t)=-\frac{1}{R_1C}\int_0^t Edt=-\frac{E}{R_1C}t$$

即输出电压 $u_o(t)$ 随时间增长而线性下降。显然 R_1C 的数值越大,达到给定的 U_o 值所需的时间就越长。积分输出电压所能达到的最大值受集成运放最大输出范围的限值。

在进行积分运算之前,首先应对运放调零。为了便于调节,将图中 K_1 闭合,即通过电阻 R_2 的负反馈作用帮助实现调零。但在完成调零后,应将 K_1 打开,以免因 R_2 的接入造成积分误差。K_2 的设置一方面为积分电容放电提供通路,同时可实现积分电容初始电压 $u_c(0)=0$;另一方面,可控制积分起始点,即在加入信号 u_i 后,只要 K_2 一打开,电容就将被恒流充电,电路也就开始进行积分运算。

【实验设备与器件】

+12V 直流电源;函数信号发生器;交流毫伏表;直流电压表;集成运算放大器 $\mu A741\times 1$、电阻器、电容器若干。

【实验内容】

注意:实验前要看清运放组件各管脚的位置,切忌正、负电源极性接反和输出端短路,否则将会损坏集成块。

1. 反相比例运算电路

(1)按图 1-18 所示连接实验电路,接通 ±12V 电源,输入端对地短路,进行调零和消振。

(2)输入 $f=100$Hz,$U_i=0.5$V 的正弦交流信号,测量相应的 U_o,并用示波器观察 u_o 和 u_i 的相位关系,记入表 1-22 中。

表 1-22 反相比例运算电路测试($U_i=0.5$V,$f=100$Hz)

U_i(V)	U_o(V)	u_i波形	u_o波形	A_u	
				实测值	计算值

2. 同相比例运算电路

(1)按图 1-20a 连接实验电路。实验步骤同内容 1,将结果记入表 1-23 中。

(2)将图 1-20a 中的 R_1 断开,得图 1-20b 电路,重复内容(1)。

表 1-23 同相比例运算电路测试($U_i=0.5$V,$f=100$Hz)

U_i(V)	U_o(V)	u_i波形	u_o波形	A_v	
				实测值	计算值

3. 反相加法运算电路

(1)按图 1-19 所示连接实验电路，调零和消振。

(2)输入信号采用直流信号，图 1-23 所示电路为简易直流信号源，由实验者自行完成。用直流电压表测量输入电压 U_{i1}、U_{i2} 及输出电压 U_o，记入表 1-24 中。

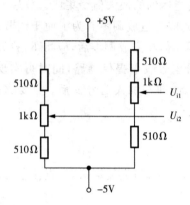

图 1-23 简易可调直流信号源

注意：实验时要选择合适的直流信号幅度，以确保集成运放工作在线性区。

表 1-24 反相加法运算电路测试

$U_{i1}(V)$				
$U_{i2}(V)$				
$U_o(V)$				

4. 减法运算电路

(1)按图 1-21 所示连接实验电路，调零和消振。

(2)采用直流输入信号，实验步骤同内容 3，记入表 1-25 中。

表 1-25 减法运算电路测试

$U_{i1}(V)$				
$U_{i2}(V)$				
$U_o(V)$				

5. 积分运算电路

其实验电路如图 1-22 所示。

(1)打开 K_2，闭合 K_1，对运放输出进行调零。

(2)调零完成后，再打开 K_1，闭合 K_2，使 $u_c(0)=0$。

(3)预先调好直流输入电压 $U_i=0.5V$，接入实验电路，再打开 K_2，然后用直流电压表测量输出电压 U_o，每隔 5 秒读一次 U_o，记入表 1-26 中，直到 U_o 不继续明显增大为止。

表1-26 积分运算电路测试

$t(s)$	0	5	10	15	20	25	30	……
$U_o(V)$								

【实验总结】

1. 整理实验数据,画出波形图(注意波形间的相位关系)。

2. 将理论计算结果和实测数据相比较,分析产生误差的原因。

3. 分析讨论实验中出现的现象和问题。

【预习要求】

1. 复习集成运放线性应用内容,并根据实验电路参数计算各电路输出电压的理论值。

2. 在反相加法器中,如 U_{i1} 和 U_{i2} 均采用直流信号,并选定 $U_{i2}=-1V$,当考虑到运算放大器的最大输出幅度($\pm12V$)时,$|U_{i1}|$ 的大小不应超过多少?

3. 在积分电路中,如 $R_1=100k\Omega$,$C=4.7\mu F$,求时间常数。假设 $U_i=0.5V$,问要使输出电压 U_o 达到 5V,需多长时间(设 $u_c(0)=0$)?

4. 为了不损坏集成块,实验中应注意什么问题?

【备注】集成运算放大器 $\mu A741$ 的引脚排列如图1-24所示。

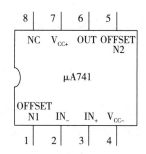

图1-24 $\mu A741$ 引脚图

1.7 电压比较器

【实验目的】

1. 掌握电压比较器的电路构成及特点。

2. 学会测试比较器的方法。

【实验原理】

电压比较器是集成运放非线性应用电路,它将一个模拟量电压信号和一个参考电压相比较,在二者幅度相等的附近,输出电压将产生跃变,相应输出高电平或低电平。比较器可以组成非正弦波形变换电路及应用于模拟与数字信号转换等领域。

图 1-25 所示为最简单的电压比较器，U_R 为参考电压，加在运放的同相输入端，输入电压 u_i 加在反相输入端。

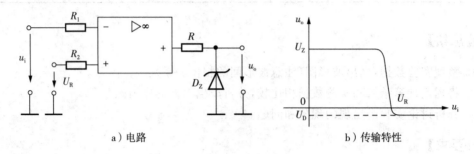

a) 电路　　　　　　　　　　　b) 传输特性

图 1-25　电压比较器

当 $u_i < U_R$ 时，运放输出高电平，稳压管 D_Z 反向稳压工作。输出端电位被其箝位在稳压管的稳定电压 U_Z，即 $u_o = U_Z$。

当 $u_i > U_R$ 时，运放输出低电平，D_Z 正向导通，输出电压等于稳压管的正向压降 U_D，即 $u_o = -U_D$。

因此，以 U_R 为界，当输入电压 u_i 变化时，输出端反映出两种状态：高电位和低电位。

表示输出电压与输入电压之间关系的特性曲线，称为传输特性。图 1-25b 所示为图 1-25a 所示比较器的传输特性。

常用的电压比较器有过零比较器、具有滞回特性的过零比较器、双限比较器（又称窗口比较器）等。

1. 过零比较器

电路如图 1-26 所示为加限幅电路的过零比较器，D_Z 为限幅稳压管。信号从运放的反相输入端输入，参考电压为零，从同相端输入。当 $u_i > 0$ 时，输出 $u_o = -(U_Z + U_D)$，当 $u_i < 0$ 时，$u_o = +(U_Z + U_D)$。其电压传输特性如图 1-26b 所示。

过零比较器结构简单，灵敏度高，但抗干扰能力差。

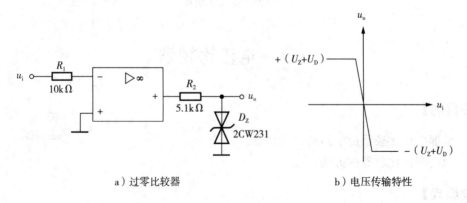

a) 过零比较器　　　　　　　　　　　b) 电压传输特性

图 1-26　过零比较器

2. 滞回比较器

图 1-27 所示为具有滞回特性的过零比较器。

过零比较器在实际工作时,如果 u_i 恰好在过零值附近,则由于零点漂移的存在,u_o 将不断由一个极限值转换到另一个极限值,这在控制系统中,对执行机构将是很不利的。为此,就需要输出特性具有滞回现象。如图 1-27 所示,从输出端引一个电阻分压正反馈支路到同相输入端,若 u_o 改变状态,Σ 点也随着改变电位,使过零点离开原来位置。当 u_o 为正(记作 U_+),$U_\Sigma = \dfrac{R_2}{R_f + R_2} U_+$,则当 $u_i > U_\Sigma$ 后,u_o 即由正变负(记作 U_-),此时 U_Σ 变为 $-U_\Sigma$。故只有当 u_i 下降到 $-U_\Sigma$ 以下,才能使 u_o 再度回升到 U_+,于是出现如图 1-27b 所示的滞回特性。$-U_\Sigma$ 与 U_Σ 的差别称为回差。改变 R_2 的数值可以改变回差的大小。

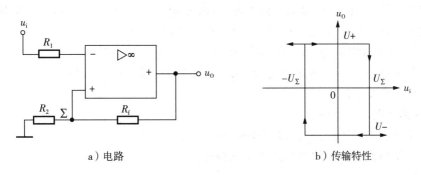

a)电路　　　　　　b)传输特性

图 1-27 滞回比较器

3. 窗口(双限)比较器

简单的比较器仅能鉴别输入电压 u_i 比参考电压 U_R 高或低的情况,窗口比较电路是由两个简单比较器组成,如图 1-28 所示,它能指示出 u_i 值是否处于 U_R^+ 和 U_R^- 之间。如 $U_R^- < u_i < U_R^+$,窗口比较器的输出电压 U_o 等于运放的正饱和输出电压($+U_{omax}$),如果 $u_i < U_R^-$ 或 $u_i > U_R^+$,则输出电压 u_o 等于运放的负饱和输出电压($-U_{omax}$)。

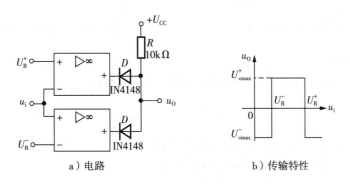

a)电路　　　　　　b)传输特性

图 1-28 由两个简单比较器组成的窗口比较器

【实验设备与器件】

+12V 直流电源;函数信号发生器;交流毫伏表;直流电压表;双踪示波器;集成运算放大器 μA741×2、稳压管 2CW231×1、二极管 4148×2、电阻器等。

【实验内容】

1. 过零比较器

实验电路如图 1-26 所示。

(1)接通±12V 电源。

(2)测量 u_i 悬空时的 U_o 值。

(3)u_i 输入 500Hz、幅值为 2V 的正弦信号,观察 $u_i \rightarrow u_o$ 波形并记录。

(4)改变 u_i 幅值,测量传输特性曲线。

2. 反相滞回比较器

实验电路如图 1-29 所示。

(1)按图接线,u_i 接+5V 可调直流电源,测出 u_o 由+$U_{omcx} \rightarrow -U_{omcx}$ 时 u_i 的临界值。

(2)同上,测出 u_o 由-$U_{omcx} \rightarrow +U_{omcx}$ 时 u_i 的临界值。

(3)u_i 接 500Hz,峰值为 2V 的正弦信号,观察并记录 $u_i \rightarrow u_o$ 波形。

(4)将分压支路 100kΩ 电阻改为 200kΩ,重复上述实验,测定传输特性。

3. 同相滞回比较器

实验线路如图 1-30 所示。

(1)参照反相滞回比较器,自拟实验步骤及方法。

(2)将结果与反相滞回比较器的结果进行比较。

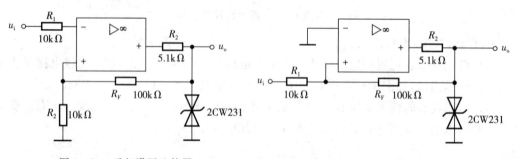

图 1-29　反相滞回比较器　　　　　　　图 1-30　同相滞回比较器

4. 窗口比较器

参照图 1-28 所示自拟实验步骤和方法测定其传输特性。

【实验总结】

1. 整理实验数据,绘制各类比较器的传输特性曲线。

2. 总结几种比较器的特点,阐明它们的应用。

【预习要求】

1. 复习教材有关比较器的内容。

2. 画出各类比较器的传输特性曲线。

3. 若要将图 1-28 所示窗口比较器的电压传输曲线高、低电平对调,应如何改动比较器电路。

1.8　RC正弦波振荡器

【实验目的】

1. 进一步学习RC正弦波振荡器的组成及其振荡条件。
2. 学会测量、调试振荡器。

【实验原理】

从结构上看,正弦波振荡器是没有输入信号、带选频网络的正反馈放大器。若用R、C元件组成选频网络,就称为RC振荡器,一般用来产生$1\mathrm{Hz}\sim1\mathrm{MHz}$的低频信号。

1. RC移相振荡器

电路图如图1-31所示,选择$R\gg R_\mathrm{i}$。

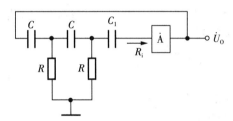

图1-31　RC移相振荡器原理图

振荡频率: $f_\circ=\dfrac{1}{2\pi\sqrt{6}RC}$。

起振条件:放大器A的电压放大倍数$|\dot{A}|>29$。

电路特点:简便,但选频作用差,振幅不稳,频率调节不便,一般用于频率固定且稳定性要求不高的场合。

频率范围:几赫兹至数十千赫兹。

2. RC串并联网络(文氏桥)振荡器

电路图如图1-32所示。

振荡频率: $f_\circ=\dfrac{1}{2\pi RC}$。

起振条件: $|\dot{A}|>3$。

电路特点:方便连续改变振荡频率,便于加负反馈稳幅,容易得到良好的振荡波形。

3. 双T选频网络振荡器

电路图如图1-33所示。

振荡频率: $f_\circ=\dfrac{1}{5RC}$

起振条件: $R'<\dfrac{R}{2}$, $|\dot{A}\dot{F}|>1$。

电路特点:选频特性好,调频困难,适于产生单一频率的振荡。

注意：本实验采用两级共射极分立元件放大器组成RC正弦波振荡器。

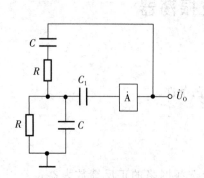
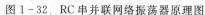
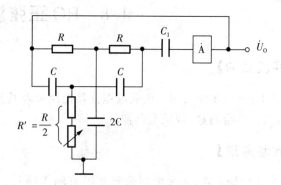

图1-32　RC串并联网络振荡器原理图　　　　图1-33　双T选频网络振荡器原理图

【实验设备与器件】

＋12V直流电源；函数信号发生器；双踪示波器；频率计；直流电压表；3DG12×2 或 9013×2；电阻、电容、电位器等若干。

【实验内容】

1. RC串并联选频网络振荡器

(1)按图1-34所示组接线路。

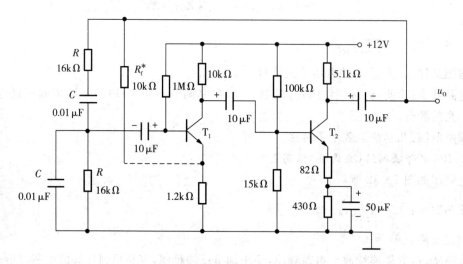

图1-34　RC串并联选频网络振荡器

(2)断开RC串并联网络，测量放大器静态工作点及电压放大倍数。

(3)接通RC串并联网络，并使电路起振，用示波器观测输出电压u_o波形，调节R_f使其获得满意的正弦信号，记录波形及其参数。

(4)测量振荡频率，并与计算值进行比较。

(5)改变R或C值，观察振荡频率变化情况。

(6)RC串并联网络幅频特性的观察。

将 RC 串并联网络与放大器断开,用函数信号发生器的正弦信号注入 RC 串并联网络,保持输入信号的幅度不变(约 3V),频率由低到高变化,RC 串并联网络输出幅值将随之变化,当信号源达某一频率时,RC 串并联网络的输出将达最大值(约 1V 左右),且输入、输出同相位,此时信号源频率为:

$$f = f_\circ = \frac{1}{2\pi RC}$$

2. 双 T 选频网络振荡器

(1)按图 1-35 所示组接线路。

(2)断开双 T 网络,调试 T_1 管静态工作点,使 U_{C1} 为 6～7V。

(3)接入双 T 网络,用示波器观察输出波形。若不起振,调节 R_{W1},使电路起振。

(4)测量电路振荡频率,并与计算值比较。

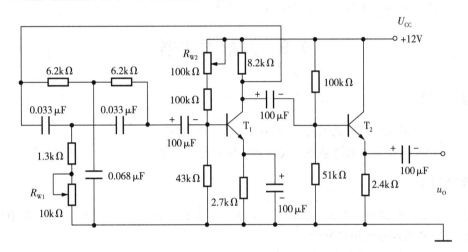

图 1-35 双 T 网络 RC 正弦波振荡器

* 3. RC 移相式振荡器的组装与调试

(1)按图 1-36 所示组接线路,元件参数自选。

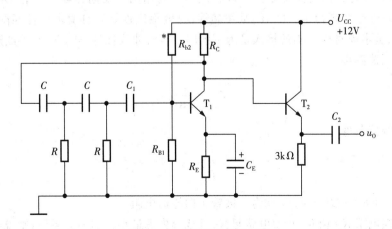

图 1-36 RC 移相式振荡器

（2）断开 RC 移相电路，调整放大器的静态工作点，测量放大器电压放大倍数。

（3）接通 RC 移相电路，调节 R_{B2} 使电路起振，并使输出波形幅度最大，用示波器观测输出电压 u_o 波形，同时用频率计和示波器测量振荡频率，并与理论值比较。

【实验总结】

1. 由给定电路参数计算振荡频率，并与实测值比较，分析误差产生的原因。
2. 总结三类 RC 振荡器的特点。

【预习要求】

1. 复习教材有关三种类型 RC 振荡器的结构与工作原理。
2. 计算三种实验电路的振荡频率。
3. 如何用示波器来测量振荡电路的振荡频率。

1.9　波形发生器

【实验目的】

1. 学习用集成运放构成正弦波、方波和三角波发生器。
2. 学习波形发生器的调整和主要性能指标的测试方法。

【实验原理】

由集成运放构成的正弦波、方波和三角波发生器有多种形式，本实验选用最常用的，线路比较简单的几种电路加以分析。

1. RC 桥式正弦波振荡器（文氏电桥振荡器）

图 1-37 为 RC 桥式正弦波振荡器。其中 RC 串联、并联电路构成正反馈支路，同时兼作选频网络，R_1、R_2、R_w 及二极管等元件构成负反馈和稳幅环节。调节电位器 R_w，可以改变负反馈深度，以满足振荡的振幅条件和改善波形。利用两个反向并联二极管 D_1、D_2 正向电阻的非线性特性来实现稳幅。D_1、D_2 采用硅管（温度稳定性好），且要求特性匹配，才能保证输出波形正、负半周对称。R_3 的接入是为了削弱二极管非线性的影响，以改善波形失真。

电路的振荡频率

$$f_o = \frac{1}{2\pi RC}$$

起振的幅值条件

$$\frac{R_f}{R_1} \geq 2$$

式中：$R_f = R_w + R_2 + (R_3 /\!/ r_D)$，$r_D$ 为二极管正向导通电阻。

调整反馈电阻 R_f（调 R_w），使电路起振，且波形失真最小。如不能起振，则说明负反馈太强，应适当加大 R_f。如波形失真严重，则应适当减小 R_f。

改变选频网络的参数 C 或 R，即可调节振荡频率。一般采用改变电容 C 作频率量程切换，而调节 R 作量程内的频率细调。

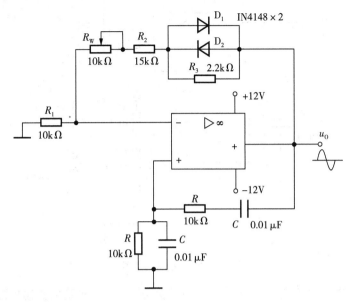

图 1-37　RC 桥式正弦波振荡器

2. 方波发生器

由集成运放构成的方波发生器和三角波发生器，一般均包括比较器和 RC 积分器两大部分。图 1-38 所示为由滞回比较器及简单 RC 积分电路组成的方波-三角波发生器。它的特点是线路简单，但三角波的线性度较差。主要用于产生方波，或对三角波要求不高的场合。

电路振荡频率

$$f_o = \frac{1}{2R_fC_f\ln\left(1+\dfrac{2R_2}{R_1}\right)}$$

式中：$R_1 = R_1' + R_w'$，$R_2 = R_2' + R_w''$。

方波输出幅值

$$U_{om} = \pm U_Z$$

三角波输出幅值

$$U_{om} = \frac{R_2}{R_1+R_2}U_Z$$

调节电位器 R_w（即改变 R_2/R_1），可以改变振荡频率，但三角波的幅值也随之变化。如要互不影响，则可通过改变 R_f（或 C_f）来实现振荡频率的调节。

3. 三角波和方波发生器

如把滞回比较器和积分器首尾相接形成正反馈闭环系统，如图 1-39 所示，则比较器 A_1 输出的方波经积分器 A_2 积分可得到三角波，三角波又触发比较器自动翻转形成方波，这

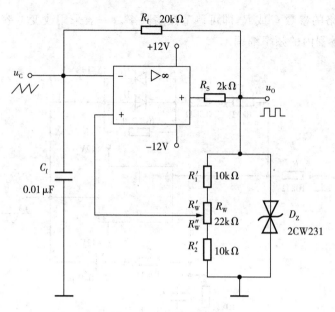

图 1-38 方波发生器

样即可构成三角波、方波发生器。图 1-40 所示为方波、三角波发生器输出波形图。由于采用运放组成的积分电路,因此可实现恒流充电,使三角波线性大大改善。

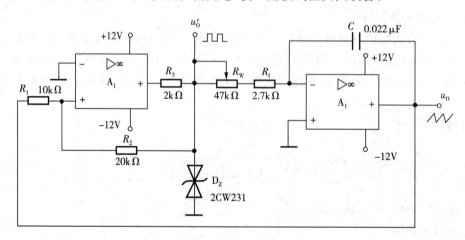

图 1-39 三角波、方波发生器

电路振荡频率

$$f_o = \frac{R_2}{4R_1(R_f + R_w)C_f}$$

方波幅值

$$U'_{om} = \pm U_Z$$

三角波幅值

$$U_{om} = \frac{R_1}{R_2}U_Z$$

调节 R_w，可以改变振荡频率；改变比值 $\dfrac{R_1}{R_2}$，可调节三角波的幅值。

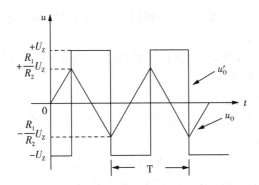

图 1-40　方波、三角波发生器输出波形

【实验设备与器件】

+12V 直流电源；双踪示波器；交流毫伏表；频率计；集成运算放大器 μA741×2，稳压管 2CW231×1、二极管 4148×2、电阻器、电容器若干。

【实验内容】

1. RC 桥式正弦波振荡器

按图 1-37 所示连接实验电路。

(1)接通 ±12V 电源，调节电位器 R_w，使输出波形从无到有，从正弦波到出现失真。描绘 u_o 的波形，记下临界起振、正弦波输出及失真情况下的 R_w 值，分析负反馈强弱对起振条件及输出波形的影响。

(2)调节电位器 R_w，使输出电压 u_o 幅值最大且不失真，用交流毫伏表分别测量输出电压 U_o、反馈电压 U_+ 和 U_-，分析研究振荡的幅值条件。

(3)用示波器或频率计测量振荡频率 f_o，然后在选频网络的两个电阻 R 上并联同一阻值电阻，观察记录振荡频率的变化情况，并与理论值进行比较。

(4)断开二极管 D_1、D_2，重复(2)的内容，将测试结果与(2)进行比较，分析 D_1、D_2 的稳幅作用。

＊(5)RC 串并联网络幅频特性观察

将 RC 串并联网络与运放断开，由函数信号发生器注入 3V 左右正弦信号，并用双踪示波器同时观察 RC 串并联网络输入、输出波形。保持输入幅值(3V)不变，从低到高改变频率，当信号源达某一频率时，RC 串并联网络输出将达最大值(约 1V)，且输入、输出同相位。此时的信号源频率

$$f = f_0 = \frac{1}{2\pi RC}$$

2. 方波发生器

按图 1-38 所示连接实验电路。

（1）将电位器 R_W 调至中心位置，用双踪示波器观察并描绘方波 u_o 及三角波 u_C 的波形（注意对应关系），测量其幅值及频率，记录之。

（2）改变 R_W 动点的位置，观察 u_o、u_C 幅值及频率变化情况。把动点调至最上端和最下端，测出频率范围，记录之。

（3）将 R_W 恢复至中心位置，将一只稳压管短接，观察 u_o 波形，分析 D_Z 的限幅作用。

3. 三角波和方波发生器

按图 1-39 连接实验电路。

（1）将电位器 R_W 调至合适位置，用双踪示波器观察并描绘三角波输出 u_o 及方波输出 u_o'，测其幅值、频率及 R_W 值，记录之。

（2）改变 R_W 的位置，观察对 u_o、u_o' 幅值及频率的影响。

（3）改变 R_1（或 R_2），观察对 u_o、u_o' 幅值及频率的影响。

【实验总结】

1. 正弦波发生器。

（1）列表整理实验数据，画出波形，把实测频率与理论值进行比较；

（2）根据实验分析 RC 振荡器的振幅条件；

（3）讨论二极管 D_1、D_2 的稳幅作用。

2. 方波发生器。

（1）列表整理实验数据，在同一坐标纸上，按比例画出方波和三角波的波形图（标出时间和电压幅值）。

（2）分析 R_W 变化时，对 u_o 波形的幅值及频率的影响。

（3）讨论 D_Z 的限幅作用。

3. 三角波和方波发生器。

（1）整理实验数据，把实测频率与理论值进行比较。

（2）在同一坐标纸上，按比例画出三角波及方波的波形，并标明时间和电压幅值。

（3）分析电路参数变化（R_1、R_2 和 R_W）对输出波形频率及幅值的影响。

【预习要求】

1. 复习有关 RC 正弦波振荡器、三角波及方波发生器的工作原理，并估算图 1-37、图 1-38、图 1-39 电路的振荡频率。

2. 设计实验表格。

3. 为什么在 RC 正弦波振荡电路中要引入负反馈支路？为什么要增加二极管 D_1 和 D_2？它们是怎样稳幅的？

4. 电路参数变化对图 1-38、1-39 产生的方波和三角波频率及电压幅值有什么影响？或者怎样改变图 1-38、1-39 电路中方波及三角波的频率及幅值？

5. 在波形发生器各电路中，"相位补偿"和"调零"是否需要？为什么？

6. 怎样测量非正弦波电压的幅值？

1.10　OTL 功率放大器

【实验目的】

1. 理解 OTL 功率放大器的工作原理。
2. 掌握 OTL 功率放大器电路的调试及主要性能指标的测试方法。

【实验原理】

图 1-41 所示为 OTL 低频功率放大器。其中由晶体三极管 T_1 组成推动级（也称前置放大级），T_2、T_3 是一对参数对称的 NPN 和 PNP 型晶体三极管，它们组成互补推挽 OTL 功放电路。由于每一个管子都接成射极输出器形式，因此具有输出电阻低、负载能力强等优点，适合于做功率输出级。T_1 管工作于甲类状态，它的集电极电流 I_{C1} 由电位器 R_{W1} 进行调节。I_{C1} 的一部分流经电位器 R_{W2} 及二极管 D，给 T_2、T_3 提供偏压。调节 R_{W2}，可以使 T_2、T_3 得到合适的静态电流而工作于甲、乙类状态，以克服交越失真。静态时要求输出端中点 A 的电位 $U_A = 1/2U_{cc}$，可以通过调节 R_{W1} 来实现，又由于 R_{W1} 的一端接在 A 点，因此在电路中引入交、直流电压并联负反馈，一方面能够稳定放大器的静态工作点，同时也改善了非线性失真。

当输入正弦交流信号 u_i 时，经 T_1 放大、倒相后同时作用于 T_2、T_3 的基极，u_i 的负半周使 T_2 管导通（T_3 管截止），有电流通过负载 R_L，同时向电容 C_0 充电，在 u_i 的正半周，T_3 导通（T_2 截止），则已充好电的电容器 C_0 起着电源的作用，通过负载 R_L 放电，这样在 R_L 上就得到完整的正弦波。

C_2 和 R 构成自举电路，用于提高输出电压正半周的幅度，以得到大的动态范围。

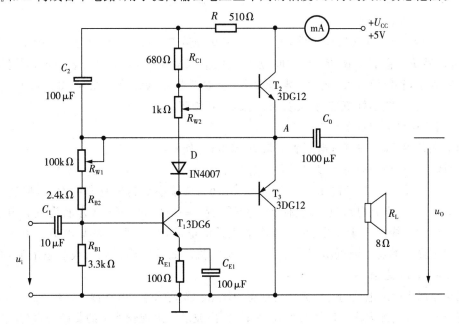

图 1-41　OTL 功率放大器实验电路

OTL 电路的主要性能指标如下。

1. 最大不失真输出功率 P_{om}

理想情况下，$P_{om} = \dfrac{1}{8}\dfrac{U_{CC}^2}{R_L}$，实验中可通过测量 R_L 两端电压有效值，求得实际 $P_{om} = \dfrac{U_o^2}{R_L}$。

2. 效率 η

$$\eta = \frac{P_{om}}{P_E} \times 100\%$$

式中：P_E 为直流电源供给的平均功率。

理想情况下，$\eta_{max} = 78.5\%$。在实验中，可测量电源供给的平均电流 I_{dc}，从而求得 $P_E = U_{cc} \cdot I_{dc}$，负载上的交流功率已用上述方法求出，因而可以计算实际效率。

3. 频率响应

详见 1.2 节中有关部分内容。

4. 输入灵敏度

输入灵敏度是指输出最大不失真功率时，输入信号 U_i 之值。

【实验设备与器件】

+5V 直流电源；双踪示波器；交流毫伏表；直流电压表；函数信号发生器；频率计；直流毫安表；晶体三极管 3DG6 (9011)、3DG12 (9013)、3CG12 (9012)、晶体二极管 IN4007、8Ω 扬声器、电阻器、电容器若干。

【实验内容】

注意：在整个测试过程中，电路不应有自激现象。

1. 静态工作点的测试

按图 1-41 所示连接实验电路，将输入信号旋钮旋至零（$u_i = 0$），电源进线中串入直流毫安表，电位器 R_{w2} 置最小值，R_{w1} 置中间位置。接通 +5V 电源，观察毫安表指示，同时用手触摸输出级管子，若电流过大，或管子温升显著，应立即断开电源检查原因（如 R_{w2} 开路、电路自激，或输出管性能不好等）。如无异常现象，可开始调试。

(1) 调节输出端中点电位 U_A

调节电位器 R_{w1}，用直流电压表测量 A 点电位，使 $U_A = 1/2\ U_{CC}$。

(2) 调整输出极静态电流及测试各级静态工作点

调节 R_{w2}，使 T_2、T_3 管的 $I_{C2} = I_{C3} = 5\sim10\text{mA}$。从减小交越失真角度而言，应适当加大输出极静态电流，但该电流过大，会使效率降低，所以一般以 $5\sim10\text{mA}$ 左右为宜。由于毫安表是串在电源进线中，因此测得的是整个放大器的电流，但一般 T_1 的集电极电流 I_{C1} 较小，从而可以把测得的总电流近似当作末级的静态电流。如要准确得到末级静态电流，则可从总电流中减去 I_{C1} 之值。

调整输出级静态电流的另一方法是动态调试法。先使 $R_{w2} = 0$，在输入端接入 $f = 1\text{kHz}$ 的正弦信号 u_i。逐渐加大输入信号的幅值，此时，输出波形应出现较严重的交越失真（注意：没有饱和和截止失真），然后缓慢增大 R_{w2}，当交越失真刚好消失时，停止调节 R_{w2}，恢复 $u_i = 0$，此时直流毫安表读数即输出级静态电流。一般数值也应为 5～10mA,如过大,则要检查电路。

输出极电流调好以后,测量各级静态工作点,记入表 1-27 中。

表 1-27　静态工作点测试 ($I_{C2}=I_{C3}=$ 　mA,$U_A=2.5$V)

	T_1	T_2	T_3
U_B(V)			
U_C(V)			
U_E(V)			

注　意:

① 在调整 R_{W2} 时,要注意旋转方向,不要调得过大,更不能开路,以免损坏输出管。

② 输出管静态电流调好,如无特殊情况,不得随意旋动 R_{W2} 的位置。

2. 最大输出功率 P_{om} 和效率 η 的测试

(1)测量 P_{om}

输入端接 $f=1$kHz 的正弦信号 u_i,输出端用示波器观察输出电压 u_o 波形。逐渐增大 u_i,使输出电压达到最大不失真输出,用交流毫伏表测出负载 R_L 上的电压 U_{om},则

$$P_{om}=\frac{U_{om}{}^2}{R_L}$$

(2)测量 η

当输出电压为最大不失真输出时,读出直流毫安表中的电流值,此电流即直流电源供给的平均电流 I_{dc}(有一定误差),由此可近似求得 $P_E=U_{cc}\cdot I_{dc}$,再根据上面测得的 P_{om},即可求出 $\eta=\dfrac{P_{om}}{P_E}$。

3. 输入灵敏度测试

根据输入灵敏度的定义,只要测出输出功率 $P_o=P_{om}$ 时的输入电压值 U_i 即可。

4. 频率响应的测试

测试方法同 1.2 节实验内容,记入表 1-28 中。

在测试时,为保证电路的安全,应在较低电压下进行,通常取输入信号为输入灵敏度的 50%。在整个测试过程中,应保持 U_i 为恒定值,且输出波形不得失真。

表 1-28　频率响应的测试 ($U_i=$ 　mV)

		f_L		f_0		f_H	
f(Hz)				1000			
U_o(V)							
A_V							

5. 研究自举电路的作用

(1)测量有自举电路,且 $P_o=P_{omax}$ 时的电压增益 $A_u=\dfrac{U_{om}}{U_i}$。

(2)将 C_2 开路，R 短路(无自举)，再测量 $P_o = P_{omax}$ 的 A_u。

用示波器观察(1)、(2)两种情况下的输出电压波形，并将以上两项测量结果进行比较，分析研究自举电路的作用。

6.噪声电压的测试

测量时将输入端短路($u_i = 0$)，观察输出噪声波形，并用交流毫伏表测量输出电压，即噪声电压 U_N，本电路若 $U_N < 15mV$，即满足要求。

7.试听

输入信号改为录音机输出，输出端接试听音箱及示波器。开机试听，并观察语言和音乐信号的输出波形。

【实验总结】

1.整理实验数据，计算静态工作点、最大不失真输出功率 P_{om}、效率 η 等，并与理论值进行比较，画频率响应曲线。

2.分析自举电路的作用。

【预习要求】

1.复习有关 OTL 工作原理部分内容。

2.为什么引入自举电路能够扩大输出电压的动态范围？

3.交越失真产生的原因是什么？怎样克服交越失真？

4.电路中电位器 R_{w2} 如果开路或短路，对电路工作有何影响？

5.为了不损坏输出管，调试中应注意什么问题？

6.如电路有自激现象，应如何消除？

1.11 串联型晶体管稳压电源

【实验目的】

1.研究单相桥式整流、电容滤波电路的特性。

2.掌握串联型晶体管稳压电源主要技术指标的测试方法。

【实验原理】

电子设备一般都需要直流电源供电。这些直流电除了少数直接利用干电池和直流发电机外，大多数是采用把交流电(市电)转变为直流电的直流稳压电源。

直流稳压电源由电源变压器、整流、滤波和稳压电路四部分组成，其原理框图如图 1-42 所示。电网供给的交流电压 u_1(220V,50Hz)经电源变压器降压后，得到符合电路需要的交流电压 u_2，然后由整流电路变换成方向不变、大小随时间变化的脉动电压 u_3，再用滤波器滤去其交流分量，就可得到比较平直的直流电压 u_I。但这样的直流输出电压，还会随交流电网电压的波动或负载的变动而变化。在对直流供电要求较高的场合，还需要使用稳压电路，以保证输出直流电压更加稳定。

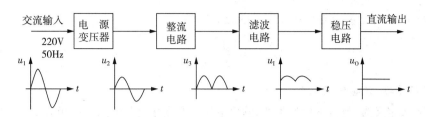

图 1-42　直流稳压电源框图

图 1-43 所示是由分立元件组成的串联型稳压电源的电路图。其整流部分为单相桥式整流、电容滤波电路。稳压部分为串联型稳压电路,它由调整元件(晶体管 T_1);比较放大器 T_2、R_7;取样电路 R_1、R_2、R_w,基准电压 D_w、R_3,和过流保护电路 T_3 管及电阻 R_4、R_5、R_6 等组成。整个稳压电路是一个具有电压串联负反馈的闭环系统,其稳压过程为:当电网电压波动或负载变动引起输出直流电压发生变化时,取样电路取出输出电压的一部分送入比较放大器,并与基准电压进行比较,产生的误差信号经 T_2 放大后送至调整管 T_1 的基极,使调整管改变其管压降,以补偿输出电压的变化,从而达到稳定输出电压的目的。

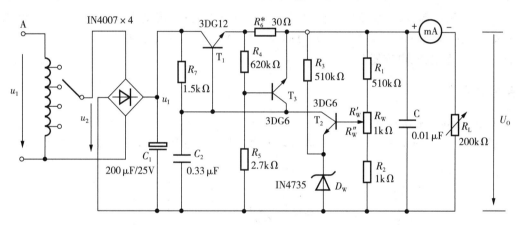

图 1-43　串联型稳压电源实验电路

由于在稳压电路中,调整管与负载串联,因此流过它的电流与负载电流一样大。当输出电流过大或发生短路时,调整管会因电流过大或电压过高而损坏,所以需要对调整管加以保护。在如图 1-43 所示电路中,晶体管 T_3、R_4、R_5、R_6 组成减流型保护电路。此电路设计在 $I_{op} = 1.2 I_o$ 时开始起保护作用,此时输出电流减小,输出电压降低。故障排除后电路应能自动恢复正常工作。在调试时,若保护作用提前,应减少 R_6 值;若保护作用滞后,则应增大 R_6 值。

稳压电源的主要性能指标:

1. 输出电压 U_o 和输出电压调节范围

$$U_o = \frac{R_1 + R_w + R_2}{R_2 + R_w''}(U_Z + U_{BE2})$$

调节 R_w 可以改变输出电压 U_o。

2. 最大负载电流 I_{om}

3. 输出电阻 R_o

输出电阻 R_o 定义为:当输入电压 U_1(指稳压电路输入电压)保持不变,由于负载变化而

引起的输出电压变化量与输出电流变化量之比，即

$$R_o = \frac{\Delta U_o}{\Delta I_o}\bigg|_{U_L = \text{常数}}$$

4. 稳压系数 S（电压调整率）

稳压系数定义为：当负载保持不变，输出电压相对变化量与输入电压相对变化量之比，即

$$S = \frac{\Delta U_o / U_o}{\Delta U_I / U_I}\bigg|_{R_L = \text{常数}}$$

由于工程上常把电网电压波动 $\pm 10\%$ 作为极限条件，因此也有将此时输出电压的相对变化 $\Delta U_o / U_o$ 作为衡量指标，称为电压调整率。

5. 纹波电压

输出纹波电压是指在额定负载条件下，输出电压中所含交流分量的有效值（或峰值）。

【实验设备与器件】

可调工频电源；双踪示波器；交流毫伏表；直流电压表；直流毫安表；滑线变阻器 $200\Omega/1A$；晶体三极管 $3DG6\times2$（9011×2）、$3DG12\times1$（9013×1）、晶体二极管 IN4007$\times4$、稳压管 IN4735$\times1$、电阻器、电容器若干。

【实验内容】

1. 整流滤波电路测试

按图 1-44 所示连接实验电路。取可调工频电源电压为 16V，作为整流电路输入电压 u_2。

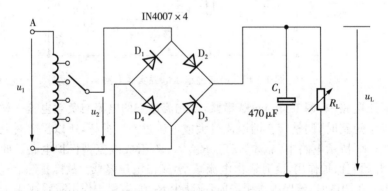

图 1-44　整流滤波电路

（1）取 $R_L = 240\Omega$，不加滤波电容，测量直流输出电压 U_L 及纹波电压 $\widetilde{U}_L$，并用示波器观察 u_2 和 u_L 波形，记入表 1-29 中。

（2）取 $R_L = 240\Omega$，$C = 470\mu F$，重复内容（1）的要求，记入表 1-29 中。

（3）取 $R_L = 120\Omega$，$C = 470\mu F$，重复内容（1）的要求，记入表 1-29 中。

注　意：

① 每次改接电路时，必须切断工频电源。

② 在观察输出电压 u_L 波形的过程中，"Y 轴灵敏度"旋钮位置调好以后，不要再变动，否

则将无法比较各波形的脉动情况。

表 1-29　整流滤波电路测试（$U_2 = 16V$）

电　路　形　式		$U_L(V)$	$\widetilde{U}_L(V)$	u_L 波形
$R_L = 240\Omega$				
$R_L = 240\Omega$ $C = 470\mu F$				
$R_L = 120\Omega$ $C = 470\mu F$				

2. 串联型稳压电源性能测试

切断工频电源,在图 1-44 基础上按图 1-43 所示连接实验电路。

(1)初测

稳压器输出端负载开路,断开保护电路,接通 16V 工频电源,测量整流电路输入电压 U_2,滤波电路输出电压 U_I(稳压器输入电压)及输出电压 U_o。调节电位器 R_W,观察 U_o 的大小和变化情况,如果 U_o 能跟随 R_W 线性变化,这说明稳压电路各反馈环路工作基本正常。否则,说明稳压电路有故障,因为稳压器是一个深负反馈的闭环系统,只要环路中任一个环节出现故障(某管截止或饱和),稳压器就会失去自动调节作用。此时可分别检查基准电压 U_Z,输入电压 U_I,输出电压 U_o,以及比较放大器和调整管各电极的电位(主要是 U_{BE} 和 U_{CE}),分析它们的工作状态是否都处在线性区,从而找出不能正常工作的原因。排除故障以后就可以进行下一步测试。

(2)测量输出电压可调范围

接入负载 R_L(滑线变阻器),并调节 R_L,使输出电流 $I_o \approx 100mA$。再调节电位器 R_W,测量输出电压可调范围 $U_{omin} \sim U_{omax}$,且使 R_W 动点在中间位置附近时 $U_o = 12V$。若不满足要求,可适当调整 R_1、R_2 之值。

(3)测量各级静态工作点

调节输出电压 $U_o = 12V$,输出电流 $I_o = 100mA$,测量各级静态工作点,记入表 1-30 中。

表 1-30　各级静态工作点测量（$U_2 = 16V$, $U_o = 12V$, $I_o = 100mA$）

	T_1	T_2	T_3
$U_B(V)$			
$U_C(V)$			
$U_E(V)$			

（4）测量稳压系数 S

取 $I_o=100\text{mA}$，按表 $1-31$ 所列，改变整流电路输入电压 U_2（模拟电网电压波动），分别测出相应的稳压器输入电压 U_1 及输出直流电压 U_o，记入表 $1-31$ 中。

（5）测量输出电阻 R_o

取 $U_2=16\text{V}$，改变滑线变阻器位置，使 I_o 为空载、50mA 和 100mA，测量相应的 U_o 值，记入表 $1-32$ 中。

表 1-31 稳压系数 S 测量（$I_o=100\text{mA}$）

测 试 值			计算值
$U_2(\text{V})$	$U_1(\text{V})$	$U_o(\text{V})$	S
14			$S_{12}=$
16		12	
18			$S_{23}=$

表 1-32 输出电阻 R_o 测量（$U_2=6\text{V}$）

测 试 值		计算值
$I_o(\text{mA})$	$U_o(\text{V})$	$R_o(\Omega)$
空载		$R_{o12}=$
50	12	
100		$R_{o23}=$

（6）测量输出纹波电压

取 $U_2=16\text{V}$，$U_o=12\text{V}$，$I_o=100\text{mA}$，测量输出纹波电压 U_o，记录之。

（7）调整过流保护电路

① 断开工频电源，接上保护回路，再接通工频电源，调节 R_w 及 R_L，使 $U_o=12\text{V}$，$I_o=100\text{mA}$，此时保护电路应不起作用。测出 T_3 管各极电位值。

② 逐渐减小 R_L，使 I_o 增加到 120mA，观察 U_o 是否下降，并测出保护起作用时 T_3 管各极的电位值。若保护作用过早或滞后，可改变 R_6 的值进行调整。

③ 用导线瞬时短接一下输出端，测量 U_o 值，然后去掉导线，检查电路是否能自动恢复正常工作。

【实验总结】

1. 对表 $1-29$ 所测结果进行全面分析，总结桥式整流、电容滤波电路的特点。

2. 根据表 $1-31$ 和表 $1-32$ 所测数据，计算稳压电路的稳压系数 S 和输出电阻 R_o，并进行分析。

3. 分析讨论实验中出现的故障及其排除方法。

【预习要求】

1. 复习教材中有关分立元件稳压电源部分内容，并根据实验电路参数估算 U_o 的可调范围及 $U_o=12\text{V}$ 时 T_1、T_2 管的静态工作点（假设调整管的饱和压降 $U_{CE1S}\approx1\text{V}$）。

2. 说明图 $1-43$ 中 U_2、U_1、U_o 及 $\tilde{U}_o$ 的物理意义，并从实验仪器中选择合适的测量仪表。

3. 在桥式整流电路实验中，能否用双踪示波器同时观察 u_2 和 u_L 波形，为什么？

4. 在桥式整流电路中，如果某个二极管发生开路、短路或反接三种情况，将会出现什么问题？

5. 为了使稳压电源的输出电压 U_o＝12V，则其输入电压的最小值 U_{1min} 应等于多少？交流输入电压 U_{2min} 又怎样确定？

6. 当稳压电源输出不正常，或输出电压 U_o 不随取样电位器 R_w 而变化时，应如何进行检查找出故障所在？

7. 分析保护电路的工作原理。

8. 怎样提高稳压电源的性能指标（减小 S 和 R_o）？

1.12　集成稳压器

【实验目的】

1. 研究集成稳压器的特点和性能指标的测试方法。

2. 了解集成稳压器扩展性能的方法。

【实验原理】

随着半导体工艺的发展，稳压电路也制成了集成器件。由于集成稳压器具有体积小，外接线路简单、使用方便、工作可靠和通用性等优点，因此在各种电子设备中应用十分普遍，基本上取代了由分立元件构成的稳压电路。集成稳压器的种类很多，应根据设备对直流电源的要求来进行选择。对于大多数电子仪器、设备和电子电路来说，通常是选用串联线性集成稳压器。而在这种类型的器件中，又以三端式稳压器应用最为广泛。

W7800、W7900 系列三端式集成稳压器的输出电压是固定的，在使用中不能进行调整。W7800 系列三端式稳压器输出正极性电压，一般有 5V、6V、9V、12V、15V、18V 、24V 七个档次，输出电流最大可达 1.5A（加散热片）。同类型 78M 系列稳压器的输出电流为 0.5A，78L 系列稳压器的输出电流为 0.1A。若要求负极性输出电压，则可选用 W7900 系列稳压器。

图 1－45 所示为 W7800 系列的外形和接线图。

它有三个引出端：

输入端（不稳定电压输入端）　　标以"1"

输出端（稳定电压输出端）　　　标以"3"

公共端　　　　　　　　　　　标以"2"

除固定输出三端稳压器外，尚有可调式三端稳压器，后者可通过外接元件对输出电压进行调整，以适应不同的需要。

本实验所用集成稳压器为三端固定正稳压器 W7812，它的主要参数有：输出直流电压 U_o＝＋12V，输出电流 L：0.1A，M：0.5A，电压调整率 10mV/V，输出电阻 R_o＝0.15Ω，输入电压 U_I 为 15～17V。因为一般 U_I 要比 U_o 大 3～5V，才能保证集成稳压器工作在线性区。

图 1－46 所示是用三端式稳压器 W7812 构成的单电源电压输出串联型稳压电源的实验电路图。其中整流部分采用了由四个二极管组成的桥式整流器成品（又称桥堆），型号为 2W06（或 KBP306），内部接线和外部管脚引线如图 1－47 所示。滤波电容 C_1、C_2 一般选取

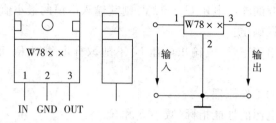

图 1-45　W7800 系列外形及接线图

几百至几千微法。当稳压器距离整流滤波电路比较远时,在输入端必须接入电容器 C_3（数值为 $0.33\mu F$）,以抵消线路的电感效应,防止产生自激振荡。输出端电容 C_4（$0.1\mu F$）用以滤除输出端的高频信号,改善电路的暂态响应。

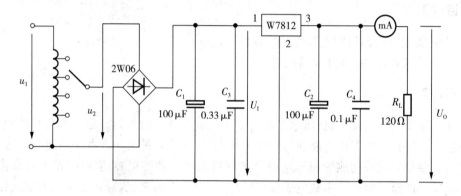

图 1-46　由 W7815 构成的串联型稳压电源

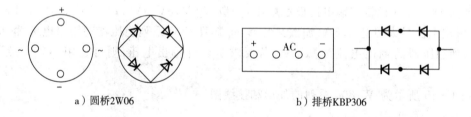

a）圆桥2W06　　　　　　　　　b）排桥KBP306

图 1-47　桥堆管脚图

　　图 1-48 所示为正、负双电压输出电路,例如需要 $U_{o1}=+15V$, $U_{o2}=-15V$,则可选用 W7815 和 W7915 三端稳压器,这时的 U_I 应为单电压输出时的两倍。

　　当集成稳压器本身的输出电压或输出电流不能满足要求时,可通过外接电路来进行性能扩展。图 1-49 所示是一种简单的输出电压扩展电路。如 W7812 稳压器的 3、2 端间输出电压为 12V,因此只要适当选择 R 的值,使稳压管 D_W 工作在稳压区,则输出电压 $U_o=12+U_z$,可以高于稳压器本身的输出电压。

　　图 1-50 所示是通过外接晶体管 T 及电阻 R_1 来进行电流扩展的电路。电阻 R_1 的阻值由外接晶体管的发射结导通电压 U_{BE}、三端式稳压器的输入电流 I_i（近似等于三端稳压器的输出电流 I_{O1}）和 T 的基极电流 I_B 来决定,即

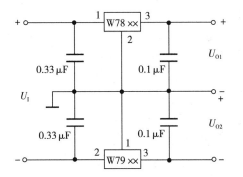

图 1－48　正、负双电压输出电路

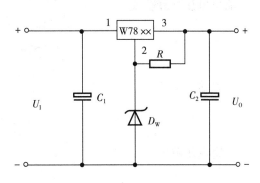

图 1－49　输出电压扩展电路

$$R_1=\frac{U_{BE}}{I_R}=\frac{U_{BE}}{I_i-I_B}=\frac{U_{BE}}{I_{o1}-\dfrac{I_C}{\beta}}$$

式中，I_C为晶体管 T 的集电极电流，$I_C=I_o-I_{o1}$；β 为 T 的电流放大系数；对于锗管 U_{BE} 可按 0.3V 估算，对于硅管 U_{BE} 按 0.7V 估算。

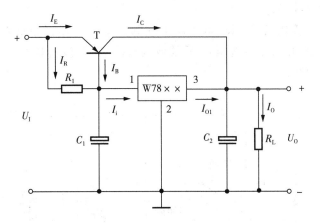

图 1－50　输出电流扩展电路

【备注】图 1－51 为 W79 系列（输出负电压）外形及接线图；图 1－52 为可调输出正三端稳压器 W317 外形及接线图。

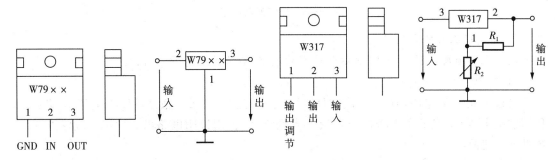

图 1－51　W79 系列外形及接线图　　　　　图 1－52　W317 外形及接线图

输出电压计算公式

$$U_o \approx 1.25 \times (1 + \frac{R_2}{R_1})$$

最大输入电压

$$U_{Im} = 40V$$

输出电压范围

$$U_o = 1.2 \sim 37V$$

【实验设备与器件】

可调工频电源；双踪示波器；交流毫伏表；直流电压表；直流毫安表；三端稳压器 W7812、W7815、W7915、桥堆 2W06（或 KBP306）、电阻器、电容器若干。

【实验内容】

1. 整流滤波电路测试

按图 1-53 所示连接实验电路，取可调工频电源 14V 电压作为整流电路输入电压 u_2。接通工频电源，测量输出端直流电压 U_L 及纹波电压 $\widetilde{U}_L$，用示波器观察 u_2、u_L 的波形，把数据及波形记入自拟表格中。

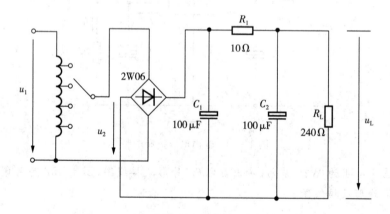

图 1-53　整流滤波电路

2. 集成稳压器性能测试

断开工频电源，按图 1-46 所示改接实验电路，取负载电阻 $R_L = 120\Omega$。

（1）初测

接通工频 14V 电源，测量 U_2 值；测量滤波电路输出电压 U_I（稳压器输入电压），集成稳压器输出电压 U_o。它们的数值应与理论值大致符合，否则说明电路出了故障。设法查找故障并加以排除。

电路经初测进入正常工作状态后，才能进行各项指标的测试。

（2）各项性能指标测试

① 输出电压 U_o 和最大输出电流 I_{omax} 的测量

在输出端接负载电阻 $R_L = 120\Omega$，由于 7812 输出电压 $U_o = 12V$，因此流过 R_L 的电流 $I_{omax} = \dfrac{12}{120} = 100\text{mA}$。这时 U_o 应基本保持不变，若变化较大则说明集成块性能不良。

② 稳压系数 S 的测量

③ 输出电阻 R_o 的测量

④ 输出纹波电压的测量

②、③、④的测试方法同 1.11 节实验内容，把测量结果记入自拟表格中。

＊（3）集成稳压器性能扩展

根据实验器材，选取图 1－48、图 1－49 或图 1－52 中各元器件，并自拟测试方法与表格，记录实验结果。

【实验总结】

1. 整理实验数据，计算 S 和 R_o，并与手册上的典型值进行比较。

2. 分析讨论实验中发生的现象和问题。

【预习要求】

1. 复习教材中有关集成稳压器部分内容。

2. 列出实验内容中所要求的各种表格。

3. 在测量稳压系数 S 和内阻 R_o 时，应怎样选择测试仪表？

第2章　数字电子技术实验

2.1　TTL 集成逻辑门的逻辑功能与参数测试

【实验目的】

1. 掌握 TTL 集成与非门的逻辑功能和主要参数的测试方法。
2. 掌握 TTL 器件的使用规则。
3. 进一步熟悉数字电路实验装置的结构、基本功能和使用方法。

【实验原理】

本实验采用四输入双与非门 74LS20，即在一块集成块内含有两个互相独立的与非门，每个与非门有 4 个输入端。其逻辑框图、符号及引脚排列如图 2-1a、b、c 所示。

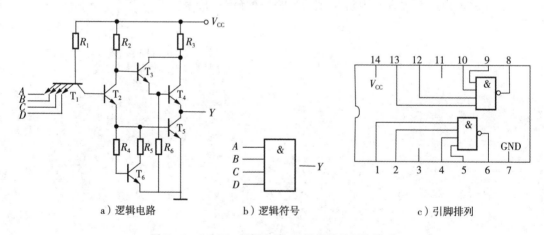

a）逻辑电路　　　　　b）逻辑符号　　　　　c）引脚排列

图 2-1　74LS20 逻辑电路、逻辑符号及引脚排列

1. 与非门的逻辑功能

与非门的逻辑功能是：当输入端中有一个或一个以上是低电平时，输出端为高电平；只有当输入端全部为高电平时，输出端才是低电平，即有"0"得"1"，全"1"得"0"。

2. TTL 与非门的主要参数

(1)低电平输出电源电流 I_{CCL} 和高电平输出电源电流 I_{CCH}

与非门处于不同的工作状态，电源提供的电流是不同的。I_{CCL} 是指所有输入端悬空，输出端空载时,电源提供器件的电流。I_{CCH}是指输出端空载,每个门各有一个以上的输入端接地,其余输入端悬空,电源提供给器件的电流。通常$I_{CCL}>I_{CCH}$,它们的大小标志着器件静态功耗的大小。I_{CCL}和I_{CCH}测试电路如图2-2a、b所示。

注意:TTL电路对电源电压要求较严,电源电压V_{CC}只允许在(5V±0.5V)的范围内工作,超过5.5V将损坏器件;低于4.5V器件的逻辑功能将不正常。

(2)低电平输入电流I_{IL}和高电平输入电流I_{IH}

I_{IL}是指被测输入端接地,其余输入端悬空,输出端空载时,由被测输入端流出的电流值。在多级门电路中,I_{IL}相当于前级门输出低电平时,后级向前级门灌入的电流,因此它关系到前级门的灌电流负载能力,即直接影响前级门电路带负载的个数,因此希望I_{IL}小些。

I_{IH}是指被测输入端接高电平,其余输入端接地,输出端空载时,流入被测输入端的电流值。在多级门电路中,它相当于前级门输出高电平时,前级门的拉电流负载,其大小关系到前级门的拉电流负载能力,希望I_{IH}小些。由于I_{IH}较小,难以测量,一般免于测试。I_{IL}与I_{IH}的测试电路如图2-2c、d所示。

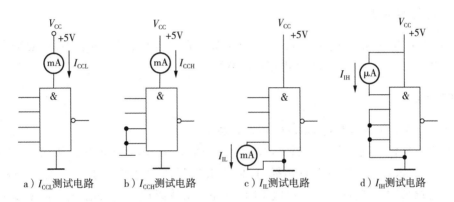

a)I_{CCL}测试电路　b)I_{CCH}测试电路　c)I_{IL}测试电路　d)I_{IH}测试电路

图2-2 TTL与非门静态参数测试电路

(3)扇出系数N_O

扇出系数N_O是指门电路能驱动同类门的个数,它是衡量门电路负载能力的一个参数,TTL与非门有两种不同性质的负载,即灌电流负载和拉电流负载,因此有两种扇出系数,即低电平扇出系数N_{OL}和高电平扇出系数N_{OH}。通常$I_{IH}<I_{IL}$,则$N_{OH}>N_{OL}$,故常以N_{OL}作为门的扇出系数。

N_{OL}的测试电路如图2-3所示,门的输入端全部悬空,输出端接灌电流负载R_L,调节R_L使I_{OL}增大,V_{OL}随之增高,当V_{OL}达到V_{OLm}(手册中规定低电平规范值0.4V时)的I_{OL}就是允许灌入的最大负载电流,则$N_{OL}=I_{OL}/I_{IL}$,通常$N_{OL}\geq8$。

(4)电压传输特性

门的输出电压V_o随输入电压V_i而变化的曲线$V_o=f(V_i)$称为门的电压传输特性,通过它可读得门电路的一些重要参数,如输出高电平V_{OH}、输出低电平V_{OL}、关门电平V_{OFF}、开门电平V_{ON}、阈值电平V_T及抗干扰容限V_{NL}、V_{NH}等值。测试电路如图2-4所示,采用逐点测试法,即调节R_w,逐点测得V_i及V_o,然后绘成曲线。

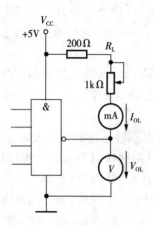

图 2-3　扇出系数测试电路

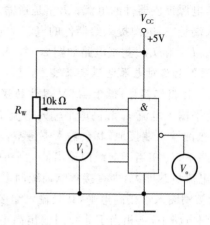

图 2-4　传输特性测试电路

【实验设备与器件】

+5V 直流电源；逻辑电平开关；逻辑电平显示器；直流数字电压表；直流数字毫安表；74LS20×2、1K、10K 电位器、200Ω 电阻(0.5W)。

【实验内容】

1. 验证 TTL 集成与非门 74LS20 的逻辑功能

在合适的位置选取一个 14P 插座，按定位标记插好 74LS20 集成块。按图 2-5 所示接线，门的 4 个输入端接逻辑开关输出插口，以提供"0"与"1"电平信号，开关向上，输出逻辑"1"，向下为逻辑"0"。门的输出端接由 LED 发光二极管组成的逻辑电平显示器（又称 0-1 指示器）的显示插口，LED 亮为逻辑"1"，不亮为逻辑"0"。按表 2-1 的真值表逐个测试集成块中两个与非门的逻辑功能。74LS20 有 4 个输入端，有 16 个最小项，在实际测试时，只要通过对输入 1111、0111、1011、1101、1110 五项进行检测就可判断其逻辑功能是否正常。

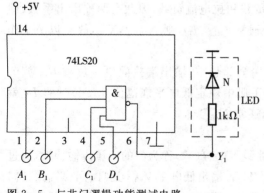

图 2-5　与非门逻辑功能测试电路

表 2-1　74LS20 逻辑功能测试

输入				输出	
A_1	B_1	C_1	D_1	Y_1	Y_2

2. 74LS20 主要参数的测试

(1)分别按图 2-2、图 2-3 接线并进行测试，将测试结果记入表 2-2 中。

表 2-2 主要参数测试

$I_{CCL}(mA)$	$I_{CCH}(mA)$	$I_{IL}(mA)$	$I_{OL}(mA)$	$N_O = I_{OL}/I_{IL}$

（2）接图 2-4 所示接线，调节电位器 R_w，使 V_i 从 0V 向高电平变化，逐点测量 V_i 和 V_O 的对应值，记入表 2-3 中。

表 2-3 不同 V_i 对应不同 V_O

$V_i(V)$	0	0.2	0.4	0.6	0.8	1.0	1.5	2.0	2.5	3.0	4.0	5.0
$V_O(V)$												

【实验总结】

1. 记录、整理实验结果，并对结果进行分析。

2. 画出实测的电压传输特性曲线，并从中读出各有关参数值。

【预习要求】

1. 复习 TTL 集成与非门 74LS20 的逻辑功能及引脚排列。

2. 复习 TTL 集成与非门 74LS20 的主要参数测试方法。

【备注】集成芯片简介

1. 数字电路实验中所用到的集成芯片都是双列直插式的。识别方法是：正对集成电路型号（如 74LS20）或看标记（左边的缺口或小圆点标记），从左下角开始按逆时针方向以 1,2, 3,… 依次排列到最后一脚（在左上角）。在标准形 TTL 集成电路中，电源端 V_{CC} 一般排在左上端，接地端 GND 一般排在右下端。如 74LS20 为 14 脚芯片，14 脚为 V_{CC}，7 脚为 GND。若集成芯片引脚上的功能标号为 NC，则表示该引脚为空脚，与内部电路不连接。

2. 接插集成块时，要认清定位标记，不得插反。

3. TTL 集成芯片电源电压使用范围为 +4.5～+5.5V，实验中要求使用 $V_{CC} = +5V$。电源极性绝对不允许接错。接线完毕，检查无误后，再插入相应的集成电路芯片，然后方可通电。只有在断电后方可插、拔集成芯片。严禁带电插、拔集成芯片。

4. TTL 集成电路闲置输入端处理方法。

（1）悬空，相当于正逻辑"1"，对于一般小规模集成电路的数据输入端，实验时允许悬空处理。但易受外界干扰，导致电路的逻辑功能不正常。因此，对于接有长线的输入端，中规模以上的集成电路和使用集成电路较多的复杂电路，所有控制输入端必须按逻辑要求接入电路，不允许悬空。

（2）直接接电源电压 V_{CC}（也可以串入一只 1～10kΩ 的固定电阻）或接至某一固定电压（+2.4V≤U≤4.5V）的电源上，或与输入端为接地的多余与非门的输出端相接。

（3）若前级驱动能力允许，可以与使用的输入端并联。

5. 输入端通过电阻接地，电阻值的大小将直接影响电路所处的状态。当 $R \leqslant 680Ω$ 时，输入端相当于逻辑"0"；当 $R \geqslant 4.7$ kΩ 时，输入端相当于逻辑"1"。对于不同系列的器件，要求的阻值不同。

6. 输出端不允许并联使用（集电极开路门（OC）和三态输出门电路（TLS）除外）；否则不仅会使电路逻辑功能混乱，并会导致器件损坏。

7. 输出端不允许直接接地或直接接＋5V电源，否则将损坏器件，有时为了使后级电路获得较高的输出电平，允许输出端通过电阻 R 接至 V_{CC}，一般取 $R=3\sim5.1\text{k}\Omega$。

2.2 组合逻辑电路的设计与测试

【实验目的】

掌握组合逻辑电路的设计与测试方法。

【实验原理】

1. 设计组合逻辑电路

使用中、小规模集成电路来设计组合电路是最常见的逻辑电路。设计组合电路的一般步骤如图2-6所示。

根据设计任务的要求确立输入、输出变量，并列出真值表。然后用逻辑代数或卡诺图化简法求出简化的逻辑表达式。再按实际选用逻辑门的类型修改逻辑表达式。根据简化后的逻辑表达式，画出逻辑图，用标准器件构成逻辑电路。最后，用实验来验证设计的正确性。

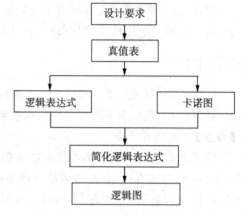

图2-6 组合逻辑电路设计流程图

2. 组合逻辑电路设计举例

用与非门设计一个表决电路。

功能：当4个输入端中有3个或4个为"1"时，输出端才为"1"。

(1)设计步骤

根据题意列出真值表见表2-4所列。

表2-4 四人表决电路真值表

输入端	A	0	0	0	0	0	0	0	0	1	1	1	1	1	1	1	1
	B	0	0	0	0	1	1	1	1	0	0	0	0	1	1	1	1
	C	0	0	1	1	0	0	1	1	0	0	1	1	0	0	1	1
	D	0	1	0	1	0	1	0	1	0	1	0	1	0	1	0	1
输出端	Z	0	0	0	0	0	0	0	1	0	0	0	1	0	1	1	1

由表2-4，用逻辑代数或卡诺图化简法求出简化逻辑表达式，并演化成与非逻辑形式：

$$Z=ABC+BCD+ACD+ABD=\overline{\overline{ABC}\cdot\overline{BCD}\cdot\overline{ACD}\cdot\overline{ABD}}$$

根据逻辑表达式画出用与非门构成的逻辑电路,如图2-7所示。

(2)用实验验证逻辑功能

在实验装置适当位置选定3个14P插座,按照集成块定位标记插好集成块CD4012。按图2-7接线,输入端A、B、C、D接至逻辑开关输出插口,输出端Z接逻辑电平显示输入插口,按真值表(自拟)要求,逐次改变输入变量,测量相应的输出值,验证逻辑功能,与表2-4进行比较,验证所设计的逻辑电路是否符合要求。

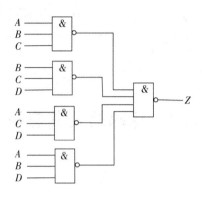

图2-7 表决电路逻辑图

【实验设备与器件】

+5V直流电源;逻辑电平开关;逻辑电平显示器;直流数字电压表;CD4011(74LS00)×2、CD4012(74LS20)×3、CD4030(74LS86)、CD4081(74LS08)、74LS54(CD4085)、CD4001(74LS020)。

【实验内容】

(1)按照上述实验原理及步骤,用与非门设计组成四人表决器。

(2)设计一个一位全加器,要求用异或门、与门、或门组成。

(3)设计一个一位全加器,要求用与或非门、异或门、非门实现。

【实验总结】

1. 列写实验任务的设计过程,画出设计的电路图。

2. 对所设计的电路进行实验测试,记录测试结果。

3. 写出组合电路设计体会。

【预习要求】

1. 根据实验任务要求设计组合电路,并根据所给的标准器件画出逻辑图。

2. 如何用最简单的方法验证与或非门的逻辑功能是否完好?

3. 与或非门中,当某一组与端不用时,应做如何处理?

【备注】四路2-3-3-2输入与或非门74LS54的引脚排列如图2-8所示,其输出逻辑

表达式为 $Y=\overline{A \cdot B+C \cdot D \cdot E+F \cdot G \cdot H+I \cdot J}$。

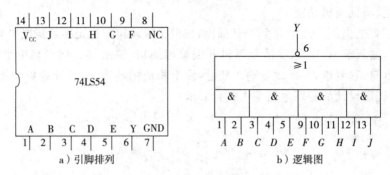

a）引脚排列　　　　　　　　b）逻辑图

图 2-8　四路 2-3-3-2 输入与或非门 74LS54 引脚排列逻辑图

2.3　译码器及其应用

【实验目的】

1．掌握中规模集成译码器的逻辑功能和使用方法。

2．熟悉数码管的使用。

【实验原理】

译码器是一个多输入、多输出的组合逻辑电路。它的作用是翻译给定的代码，变成相应的状态，使输出通道中相应的一路有信号输出。译码器在数字系统中有广泛的用途，不仅用于代码的转换、终端的数字显示，还用于数据分配，存储器寻址和组合控制信号等。

译码器可分为通用译码器和显示译码器两大类。前者又分为变量译码器和代码变换译码器。

1．变量译码器

变量译码器又称二进制译码器，用以表示输入变量的状态，如 2 线-4 线、3 线-8 线和 4 线-16 线译码器。若有 n 个输入变量，则有 2^n 个不同的组合状态，就有 2^n 个输出端供其使用。而每一个输出所代表的函数对应于 n 个输入变量的最小项。

以 3 线-8 线译码器 74LS138 为例进行分析，图 2-9a、b 分别为其逻辑图及引脚排列。其中 $A_0 \sim A_2$ 为地址输入端，$\overline{Y}_0 \sim \overline{Y}_7$ 为译码输出端，S_1、$\overline{S}_2$、$\overline{S}_3$ 为使能端。

表 2-5 所列为 74LS138 功能表。当 $S_1=1,\overline{S}_2+\overline{S}_3=0$ 时，器件使能，地址码所指定的输出端有信号（为 0）输出，其他所有输出端均无信号（全为 1）输出。当 $S_1=0,\overline{S}_2+\overline{S}_3=\times$ 时，或 $S_1=\times,\overline{S}_2+\overline{S}_3=1$ 时，译码器被禁止，所有输出同时为 1。

二进制译码器实际上也是负脉冲输出的脉冲分配器。若利用使能端中的一个输入端输入数据信息，器件就成为一个数据分配器（又称多路分配器），如图 2-10 所示。若在 S_1 输入端输入数据信息，$\overline{S}_2+\overline{S}_3=0$，地址码所对应的输出是 S_1 数据信息的反码；若从 $\overline{S}_2$ 端输入数据信息，令 $S_1=1,\overline{S}_3=0$，地址码所对应的输出就是 $\overline{S}_2$ 端数据信息的原码。若数据信息是时钟脉冲，则数据分配器便成为时钟脉冲分配器。

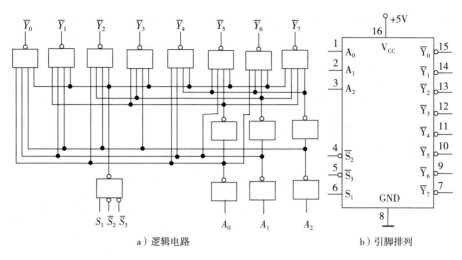

a）逻辑电路   b）引脚排列

图 2-9 3线-8线译码器 74LS138 逻辑图及引脚排列

根据输入地址的不同组合译出唯一地址,故可用作地址译码器。接成多路分配器,可将一个信号源的数据信息传输到不同的地点。二进制译码器还能方便地实现逻辑函数,如图 2-11所示,实现的逻辑函数是:

$$Z = \overline{A}\,\overline{B}\,\overline{C} + \overline{A}\,\overline{B}C + \overline{A}\,B\overline{C} + ABC$$

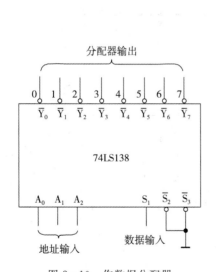

图 2-10 作数据分配器

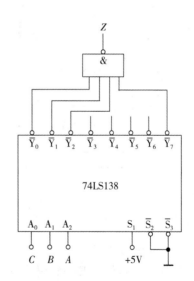

图 2-11 实现逻辑函数

表 2-5 3线-8线译码器 74LS138 真值表

输 入					输 出							
S_1	$\overline{S}_2 + \overline{S}_3$	A_2	A_1	A_0	$\overline{Y}_0$	$\overline{Y}_1$	$\overline{Y}_2$	$\overline{Y}_3$	$\overline{Y}_4$	$\overline{Y}_5$	$\overline{Y}_6$	$\overline{Y}_7$
1	0	0	0	0	0	1	1	1	1	1	1	1
1	0	0	0	1	1	0	1	1	1	1	1	1

（续表）

输　入					输　出							
S_1	$\bar{S_2}+\bar{S_3}$	A_2	A_1	A_0	$\bar{Y_0}$	$\bar{Y_1}$	$\bar{Y_2}$	$\bar{Y_3}$	$\bar{Y_4}$	$\bar{Y_5}$	$\bar{Y_6}$	$\bar{Y_7}$
1	0	0	1	0	1	1	0	1	1	1	1	1
1	0	0	1	1	1	1	1	0	1	1	1	1
1	0	1	0	0	1	1	1	1	0	1	1	1
1	0	1	0	1	1	1	1	1	1	0	1	1
1	0	1	1	0	1	1	1	1	1	1	0	1
1	0	1	1	1	1	1	1	1	1	1	1	0
0	×	×	×	×	1	1	1	1	1	1	1	1
×	1	×	×	×	1	1	1	1	1	1	1	1

利用使能端能方便地将两个 3 线-8 线译码器组合成一个 4 线-16 线译码器，如图 2-12 所示。

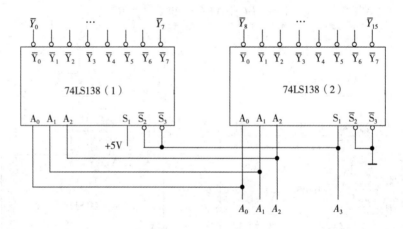

图 2-12　用两片 74LS138 组合成 4 线-16 线译码器

2. 数码显示译码器

（1）七段发光二极管（LED）数码管

LED 数码管是目前最常用的数字显示器，图 2-13a、b 为共阴管和共阳管的电路，图 2-13c 为两种不同出线形式的引出脚功能图。

一个 LED 数码管可用来显示一位 0～9 十进制数和一个小数点。小型数码管（0.5 寸和 0.36 寸）每段发光二极管的正向压降，随显示光（通常为红、绿、黄、橙色）的颜色不同略有差别，通常为 2～2.5V，每个发光二极管的点亮电流为 5～10mA。

（2）BCD 码七段译码驱动器

LED 数码管要显示 BCD 码所表示的十进制数字就需要有一个专门的译码器，该译码器

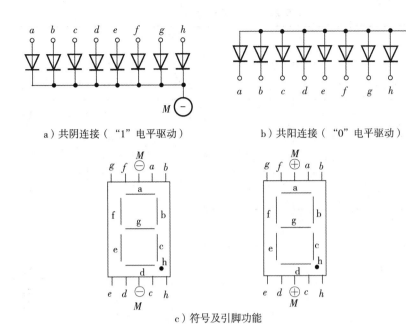

a）共阴连接（"1"电平驱动）　　　　　b）共阳连接（"0"电平驱动）

c）符号及引脚功能

图 2 - 13　LED 数码管

不但要完成译码功能,还要有相当的驱动能力。此类译码器型号有 74LS47(共阳)、74LS48(共阴)、CC4511(共阴)等,本实验系采用 CC4511 BCD 码锁存/七段译码/驱动器,驱动共阴极 LED 数码管,图 2 - 14 所示为 CC4511 引脚排列图。

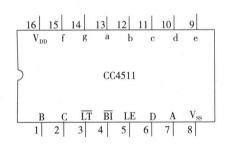

图 2 - 14　CC4511 引脚排列图

其引脚说明如下:

A、B、C、D——BCD 码输入端;

a、b、c、d、e、f、g——译码输出端,输出"1"有效,用来驱动共阴极 LED 数码管;

$\overline{LT}$——测试输入端,$\overline{LT}$="0"时,译码输出全为"1";

$\overline{BI}$——消隐输入端,$\overline{BI}$="0"时,译码输出全为"0";

LE——锁定端,LE="1"时译码器处于锁定(保持)状态,译码输出保持在 LE=0 时的数值;LE="0"时为正常译码。

表 2 - 6 所列为 CC4511 功能表。CC4511 内接有上拉电阻,故只需在输出端与数码管笔段之间串入限流电阻即可工作。译码器还有拒伪码功能,当输入码超过 1001 时,输出全为"0"。

图 2 - 15 所示为译码器 CC4511 驱动一位 LED 数码管的电路。

表 2-6 CC4511 功能表

输 入							输 出							
LE	$\overline{BI}$	$\overline{LT}$	D	C	B	A	a	b	c	d	e	f	g	显示字形
×	×	0	×	×	×	×	1	1	1	1	1	1	1	8
×	0	1	×	×	×	×	0	0	0	0	0	0	0	消隐
0	1	1	0	0	0	0	1	1	1	1	1	1	0	0
0	1	1	0	0	0	1	0	1	1	0	0	0	0	1
0	1	1	0	0	1	0	1	1	0	1	1	0	1	2
0	1	1	0	0	1	1	1	1	1	1	0	0	1	3
0	1	1	0	1	0	0	0	1	1	0	0	1	1	4
0	1	1	0	1	0	1	1	0	1	1	0	1	1	5
0	1	1	0	1	1	0	0	0	1	1	1	1	1	6
0	1	1	0	1	1	1	1	1	1	0	0	0	0	7
0	1	1	1	0	0	0	1	1	1	1	1	1	1	8
0	1	1	1	0	0	1	1	1	1	0	0	1	1	9
0	1	1	1	0	1	0	0	0	0	0	0	0	0	消隐
0	1	1	1	0	1	1	0	0	0	0	0	0	0	消隐
0	1	1	1	1	0	0	0	0	0	0	0	0	0	消隐
0	1	1	1	1	0	1	0	0	0	0	0	0	0	消隐
0	1	1	1	1	1	0	0	0	0	0	0	0	0	消隐
0	1	1	1	1	1	1	0	0	0	0	0	0	0	消隐
1	1	1	×	×	×	×	锁 存							锁存

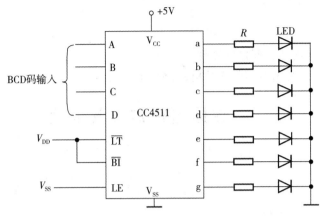

图 2-15 CC4511 驱动一位 LED 数码管

【实验设备与器件】

+5V 直流电源;逻辑电平开关;逻辑电平显示器;译码显示器;连续脉冲源;拨码开关组;双踪示波器;74LS138×2、CC4511。

【实验内容】

1. 数据拨码开关的使用

将实验装置上的一组拨码开关的输出 A_i、B_i、C_i、D_i 分别接至显示译码/驱动器 CC4511 的对应输入口,LE、$\overline{BI}$、$\overline{LT}$ 接至三个逻辑开关的输出插口,接上 LED 数码管的电源,然后按功能表 2-6 输入的要求,拨动数码的增减键,并操作 LE、$\overline{BI}$、$\overline{LT}$ 对应的三个逻辑开关,观测拨码盘上的数字与 LED 数码管显示数字是否一致,译码显示是否正常。

2. 74LS138 译码器逻辑功能测试

将译码器使能端 S_1、$\overline{S2}$、$\overline{S3}$ 及地址端 A_2、A_1、A_0 分别接至逻辑电平开关输出口,8 个输出端 $\overline{Y_7} \sim \overline{Y_0}$ 依次连接在逻辑电平显示器的 8 个输入口上,拨动逻辑电平开关,按表 2-5 所列逐项测试 74LS138 的逻辑功能。

3. 用 74LS138 构成时序脉冲分配器

参照图 2-10 和实验原理说明,时钟脉冲 CP 频率约为 10kHz,要求分配器输出端 $\overline{Y_0} \sim \overline{Y_7}$ 的信号与 CP 输入信号同相。

画出分配器实验电路,用示波器观察在地址端 A_2、A_1、A_0 分别取 000～111 共 8 种不同状态时 $\overline{Y_0} \sim \overline{Y_7}$ 端输出波形,注意输出波形与 CP 之间的相位关系。

4. 译码器实验

用两片 74LS138 组合成一个 4 线-16 线译码器,画出线路图,进行实验并测试逻辑功能。

【实验总结】

1. 画出实验电路及观察到的波形,并标上对应的地址码。

2. 对实验结果进行分析讨论。

【预习要求】

1. 复习有关译码器和分配器的原理。
2. 根据实验任务，画出所需的实验电路路及记录表格。

2.4 数据选择器及其应用

【实验目的】

1. 掌握中规模集成数据选择器的逻辑功能及使用方法。
2. 学习用数据选择器构成组合逻辑电路的方法。

【实验原理】

数据选择器又叫"多路开关"。数据选择器在地址码（或叫选择控制）电位的控制下，从几个数据输入中选择一个并将其送到一个公共的输出端。数据选择器的功能类似一个多掷开关，如图 2-16 所示，图中有四路数据 $D_0 \sim D_3$，通过选择控制信号 A_1、A_0（地址码）从四路数据中选中某一路数据送至输出端 Q。

数据选择器为目前逻辑设计中应用十分广泛的逻辑部件，它有 2 选 1、4 选 1、8 选 1、16 选 1 等类别。

1. 8 选 1 数据选择器 74LS151

74LS151 为互补输出的 8 选 1 数据选择器，引脚排列如图 2-17 所示，功能见表 2-7 所列。

选择控制端（地址端）为 $A_2 \sim A_0$，按二进制译码，从 8 个输入数据 $D_0 \sim D_7$ 中，选择一个需要的数据送到输出端 Q，$\overline{S}$ 为使能端，低电平有效。

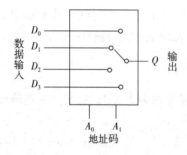

图 2-16 4 选 1 数据选择器示意图

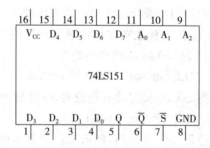

图 2-17 74LS151 引脚排列

表 2-7 74LS151 功能如表

输　入				输　出	
$\overline{S}$	A_2	A_1	A_0	Q	$\overline{Q}$
1	×	×	×	0	1
0	0	0	0	D_0	$\overline{D}_0$
0	0	0	1	D_1	$\overline{D}_1$
0	0	1	0	D_2	$\overline{D}_2$

(续表)

输　入				输　出	
$\bar{S}$	A_2	A_1	A_0	Q	$\bar{Q}$
0	0	1	1	D_3	$\bar{D}_3$
0	1	0	0	D_4	$\bar{D}_4$
0	1	0	1	D_5	$\bar{D}_5$
0	1	1	0	D_6	$\bar{D}_6$
0	1	1	1	D_7	$\bar{D}_7$

(1)使能端 $\bar{S}=1$ 时,不论 $A_0 \sim A_2$ 状态如何,均无输出($Q=0$,$\bar{Q}=1$),多路开关被禁止。

(2)使能端 $\bar{S}=0$ 时,多路开关正常工作,根据地址码 A_2、A_1、A_0 的状态选择 $D_0 \sim D_7$ 中某一个通道的数据输送到输出端 Q。

如 $A_2 A_1 A_0 = 000$,则选择 D_0 数据到输出端,即 $Q=D_0$。

如 $A_2 A_1 A_0 = 001$,则选择 D_1 数据到输出端,即 $Q=D_1$,其余类推。

2. 双 4 选 1 数据选择器 74LS153

所谓双 4 选 1 数据选择器就是在一块集成芯片上有两个 4 选 1 数据选择器。双 4 选 1 数据选择器 74LS153 引脚排列如图 2-18 所示,功能见表 2-8 所列。

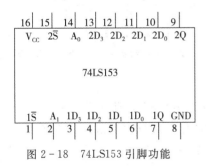

图 2-18　74LS153 引脚功能

表 2-8　74LS153 功能表

输　入			输　出
$\bar{S}$	A_1	A_0	Q
1	$\times$	$\times$	0
0	0	0	D_0
0	0	1	D_1
0	1	0	D_2
0	1	1	D_3

$1\bar{S}$、$2\bar{S}$ 为两个独立的使能端;A_1、A_0 为公用的地址输入端;$1D_0 \sim 1D_3$ 和 $2D_0 \sim 2D_3$ 分别为两个 4 选 1 数据选择器的数据输入端;Q_1、Q_2 为两个输出端。

(1)当使能端 $1\bar{S}(2\bar{S})=1$ 时,多路开关被禁止,无输出,$Q=0$。

(2)当使能端 $1\bar{S}(2\bar{S})=0$ 时,多路开关正常工作,根据地址码 A_1、A_0 的状态,将相应的数据 $D_0 \sim D_3$ 送到输出端 Q。

如 $A_1 A_0 = 00$,则选择 D_0 数据到输出端,即 $Q=D_0$。

如 $A_1 A_0 = 01$,则选择 D_1 数据到输出端,即 $Q=D_1$,其余类推。

数据选择器的用途很多,例如多通道传输,数码比较,并行码变串行码,以及实现逻辑函数等。

3. 数据选择器的应用——实现逻辑函数

【例 1】 用 8 选 1 数据选择器 74LS151 实现函数 $F = A\bar{B} + \bar{A}C + B\bar{C}$。

采用 8 选 1 数据选择器 74LS151 可实现任意三输入变量的组合逻辑函数。

列出函数 F 的功能表，见表 2-9 所列，将函数 F 功能表与 8 选 1 数据选择器的功能表相比较，可知：

① 将输入变量 C、B、A 作为 8 选 1 数据选择器的地址码 A_2、A_1、A_0；

② 使 8 选 1 数据选择器的各数据输入 $D_0 \sim D_7$ 分别与函数 F 的输出值一一相对应，即

$$A_2 A_1 A_0 = CBA$$

$$D_0 = D_7 = 0$$

$$D_1 = D_2 = D_3 = D_4 = D_5 = D_6 = 1$$

则 8 选 1 数据选择器的输出 Q 便实现了函数 $F = A\bar{B} + \bar{A}C + B\bar{C}$。

接线图如图 2-19 所示。

表 2-9　函数 F 的功能表

输　入			输　出
C	B	A	F
0	0	0	0
0	0	1	1
0	1	0	1
0	1	1	1
1	0	0	1
1	0	1	1
1	1	0	1
1	1	1	0

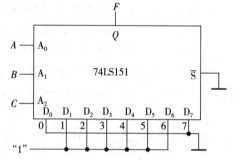

图 2-19　8 选 1 数据选择器实现 $F = A\bar{B} + \bar{A}C + B\bar{C}$

显然，采用具有 n 个地址端的数据选择实现 n 变量的逻辑函数时，应将函数的输入变量加到数据选择器的地址端(A)，选择器的数据输入端(D)按次序以函数 F 输出值来赋值。

【例 2】　用 8 选 1 数据选择器 74LS151 实现函数 $F = A\bar{B} + \bar{A}B$。

(1)列出函数 F 的功能表，见表 2-10 所列。

(2)将 A、B 加到地址端 A_1、A_0，而 A_2 接地，由表 2-10 可见，将 D_1、D_2 接"1"及 D_0、D_3 接地，其余数据输入端 $D_4 \sim D_7$ 都接地，则 8 选 1 数据选择器的输出 Q，便实现了函数 $F = A\bar{B} + \bar{A}B$。

接线图如图 2-20 所示。

表 2-10　函数 F 功能表

B	A	F
0	0	0
0	1	1
1	0	1
1	1	0

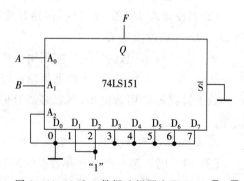

图 2-20　8 选 1 数据选择器实现 $F = A\bar{B} + \bar{A}B$

显然,当函数输入变量数小于数据选择器的地址端(A)时,应将不用的地址端及不用的数据输入端(D)都接地。

【例3】 用4选1数据选择器74LS153实现函数 $F=\overline{A}BC+A\overline{B}C+AB\overline{C}+ABC$。

函数 F 的功能表见表2-11所列。

函数 F 有3个输入变量 A、B、C,而数据选择器有2个地址端 A_1、A_0 少于函数输入变量个数,在设计时可任选 A 接 A_1,B 接 A_0。将函数功能表改画成2-12形式,可见当将输入变量 A、B、C 中 A、B 接选择器的地址端 A_1、A_0,由表2-12看出:

表 2-11 函数 F 功能表

输	入		输出
A	B	C	F
0	0	0	0
0	0	1	0
0	1	0	0
0	1	1	1
1	0	0	0
1	0	1	1
1	1	0	1
1	1	1	1

表 2-12 改画函数 F 功能表

输	入		输出	中选数据
A	B	C	F	
0	0	0	0	$D_0=0$
		1	0	
0	1	0	0	$D_1=C$
		1	1	
1	0	0	0	$D_2=C$
		1	1	
1	1	0	1	$D_3=1$
		1	1	

$D_0=0$,$D_1=D_2=C$,$D_3=1$,则4选1数据选择器的输出,实现了函数 $F=\overline{A}BC+A\overline{B}C+AB\overline{C}+ABC$。

接线图如图2-21所示。

注意:当函数输入变量大于数据选择器地址端(A)时,可能随着选用函数输入变量作地址的方案不同,而使其设计结果不同,需对几种方案比较,以获得最佳方案。

【实验设备与器件】

+5V 直流电源;逻辑电平开关;逻辑电平显示器;74LS151(或 CC4512)、74LS153(或 CC4539)。

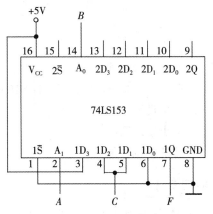

图 2-21 4选1数据选择器实现
$F=\overline{A}BC+A\overline{B}C+AB\overline{C}+ABC$

【实验内容】

1. 测试数据选择器 74LS151 的逻辑功能

按图2-22所示接线,地址端 A_2、A_1、A_0、数据端 $D_0 \sim D_7$、使能端 $\overline{S}$ 接逻辑开关,输出端 Q 接逻辑电平显示器,按74LS151功能表逐项进行测试,记录测试结果。

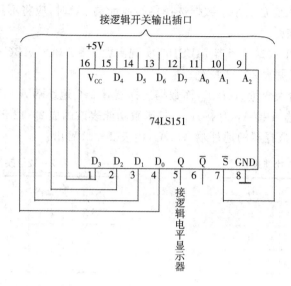

图 2 - 22　74LS151 逻辑功能测试

2. 测试 74LS153 的逻辑功能

测试方法及步骤同上，记录之。

3. 用 8 选 1 数据选择器 74LS151 设计三人表决电路

（1）写出设计过程。

（2）画出接线图。

（3）验证逻辑功能。

4. 用 8 选 1 数据选择器 74LS151 设计四人表决电路

（1）写出设计过程。

（2）画出接线图。

（3）验证逻辑功能。

5. 用双 4 选 1 数据选择器 74LS153 设计全加器

（1）写出设计过程。

（2）画出接线图。

（3）验证逻辑功能。

【实验总结】

1. 用数据选择器对实验内容进行设计、写出设计全过程、画出接线图、进行逻辑功能测试。

2. 总结实验收获、体会。

【预习要求】

1. 复习数据选择器的工作原理。

2. 用数据选择器对实验内容中各函数式进行预设计。

2.5　触发器及其应用

【实验目的】

1. 掌握基本 RS、JK、D 和 T 触发器的逻辑功能。
2. 掌握集成触发器的逻辑功能及使用方法。
3. 了解触发器之间相互转换的方法。

【实验原理】

触发器具有两个稳定状态,用以表示逻辑状态"1"和"0",在一定的外界信号作用下,可以从一个稳定状态翻转到另一个稳定状态,它是一个具有记忆功能的二进制信息存贮器件,是构成各种时序电路的最基本逻辑单元。

1. 基本 RS 触发器

图 2-23 所示为由两个与非门交叉耦合构成的基本 RS 触发器,它是无时钟控制低电平直接触发的触发器。基本 RS 触发器具有置"0"、置"1"和"保持"三种功能。通常称 $\overline{S}$ 为置"1"端,因为 $\overline{S}=0(\overline{R}=1)$ 时触发器被置"1";$\overline{R}$ 为置"0"端,因为 $\overline{R}=0(\overline{S}=1)$ 时触发器被置"0";当 $\overline{S}=\overline{R}=1$ 时状态保持;$\overline{S}=\overline{R}=0$ 时,触发器状态不定,应避免此种情况发生,表 2-13 所列为基本 RS 触发器的功能表,其中 ϕ 表示状态不定。

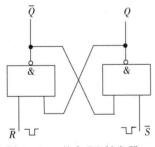

图 2-23　基本 RS 触发器

表 2-13　基本 RS 触发器的功能表

输　入		输　出	
$\overline{S}$	$\overline{R}$	Q^{n+1}	$\overline{Q}^{n+1}$
0	1	1	0
1	0	0	1
1	1	Q^n	$\overline{Q}^n$
0	0	ϕ	ϕ

2. JK 触发器

在输入信号为双端的情况下,JK 触发器是功能完善、使用灵活和通用性较强的一种触发器。本实验采用 74LS112 双 JK 触发器,是下降边沿触发的边沿触发器。引脚功能及逻辑符号如图 2-24 所示。

JK 触发器的状态方程为

$$Q_{n+1} = J\overline{Q}_n + \overline{K}Q_n$$

J 和 K 是数据输入端,是触发器状态更新的依据,若 J、K 有两个或两个以上输入端时,组成"与"的关系。Q 与 $\overline{Q}$ 为两个互补输出端。通常把 $Q=0$,$\overline{Q}=1$ 的状态定为触发器"0"状态;而把 $Q=1$,$\overline{Q}=0$ 定为"1"状态。

下降沿触发 JK 触发器的功能见表 2-14 所列。

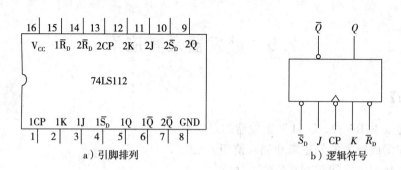

a）引脚排列　　　　　　　　　b）逻辑符号

图 2-24　74LS112 双 JK 触发器引脚排列及逻辑符号

表 2-14　下降沿触发 JK 触发器的功能表

输　入					输　出	
$\bar{S}_D$	$\bar{R}_D$	CP	J	K	Q^{n+1}	$\bar{Q}^{n+1}$
0	1	$\times$	$\times$	$\times$	1	0
1	0	$\times$	$\times$	$\times$	0	1
0	0	$\times$	$\times$	$\times$	ϕ	ϕ
1	1	$\downarrow$	0	0	Q^n	$\bar{Q}^n$
1	1	$\downarrow$	1	0	1	0
1	1	$\downarrow$	0	1	0	1
1	1	$\downarrow$	1	1	$\bar{Q}$	Q
1	1	$\uparrow$	$\times$	$\times$	Q^n	$\bar{Q}^n$

3. D 触发器

在输入信号为单端的情况下，D 触发器用起来最为方便，其状态方程为 $Q^{n+1}=D^n$，其输出状态的更新发生在 CP 脉冲的上升沿，故又称为上升沿触发的边沿触发器，触发器的状态只取决于时钟到来前 D 端的状态，图 2-25 所示为双 D 触发器 74LS74 的引脚排列及逻辑符号，功能见表 2-15 所列。

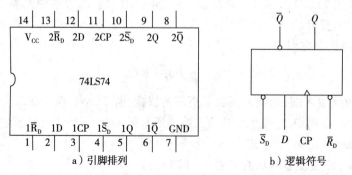

a）引脚排列　　　　　　　　　b）逻辑符号

图 2-25　74LS74 引脚排列及逻辑符号

4. 触发器之间的相互转换

在集成触发器的产品中,每一种触发器都有自己固定的逻辑功能。但可以利用转换的方法获得具有其他功能的触发器。例如将 JK 触发器的 J、K 两端连在一起,并认它为 T 端,就得到所需的 T 触发器。如图 2-26a 所示,其状态方程为

$$Q_{n+1} = T\overline{Q}_n + \overline{T}Q_n$$

T 触发器的功能表如表 2-16,当 $T=0$ 时,时钟脉冲作用后,其状态保持不变;当 $T=1$ 时,时钟脉冲作用后,触发器状态翻转。所以,若将 T 触发器的 T 端置"1",如图 2-26b 所示,即得 T′触发器。在 T′触发器的 CP 端每来一个 CP 脉冲信号,触发器的状态就翻转一次,故称之为反转触发器,广泛用于计数电路中。

表 2-15 74LS74 功能表

输 入				输 出	
$\overline{S}_D$	$\overline{R}_D$	CP	D	Q^{n+1}	$\overline{Q}^{n+1}$
0	1	×	×	1	0
1	0	×	×	0	1
0	0	×	×	ϕ	ϕ
1	1	↑	1	1	0
1	1	↑	0	0	1
1	1	↓	×	Q^n	$\overline{Q}^n$

表 2-16 T 触发器功能表

输 入				输出
$\overline{S}_D$	$\overline{R}_D$	CP	T	Q^{n+1}
0	1	×	×	1
1	0	×	×	0
1	1	↓	0	Q^n
1	1	↓	1	$\overline{Q}^n$

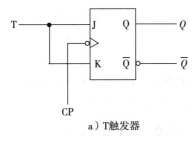
a）T触发器

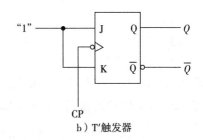
b）T′触发器

图 2-26 JK 触发器转换为 T、T′触发器

同样,若将 D 触发器 $\overline{Q}$ 端与 D 端相连,便转换成 T′触发器,如图 2-27 所示。

JK 触发器也可转换为 D 触发器,如图 2-28 所示。

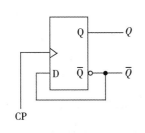

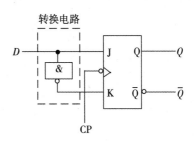

图 2-27 D 触发器转成 T′触发器 　　图 2-28 JK 触发器转成 D 触发器

【实验设备与器件】

＋5V直流电源；逻辑电平开关；逻辑电平显示器；单次脉冲源；连续脉冲源；双踪示波器；74LS00、74LS112、74LS74。

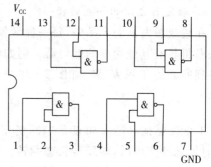

图 2-29　74LS00引脚排列图

【实验内容】

1. 测试基本RS触发器的逻辑功能

按图 2-23，利用74LS00（其引脚排列如图2-29所示）中的任意两个与非门组成基本RS触发器，按表2-17要求测试记录输出端 Q、$\bar{Q}$。

表 2-17　基本RS触发器逻辑功能测试

$\bar{R}$	$\bar{S}$	Q	$\bar{Q}$
1	1→0		
	0→1		
1→0	1		
0→1			
0	0		

2. 测试双JK触发器74LS112逻辑功能

（1）测试 $\bar{R}_D$、$\bar{S}_D$ 的复位、置位功能。

任取一只JK触发器，$\bar{R}_D$、$\bar{S}_D$、J、K 端接逻辑开关输出插口，CP 端接单次脉冲源，Q、$\bar{Q}$端接至逻辑电平显示输入插口。

要求改变 $\bar{R}_D$、$\bar{S}_D$（J、K、CP 处于任意状态），并在 $\bar{R}_D=0$（$\bar{S}_D=1$）或 $\bar{S}_D=0$（$\bar{R}_D=1$）作用期间任意改变 J、K 及 CP 的状态，观察 Q、$\bar{Q}$ 状态，记录在表2-18中。

表 2-18　双JK触发器74LS112复位、置位功能测试

J	K	CP	$\bar{S}_D=0$（$\bar{R}_D=1$）		$\bar{R}_D=0$（$\bar{S}_D=1$）	
			Q	$\bar{Q}$	Q	$\bar{Q}$
0	0	1→0				
		0→1				
0	1	1→0				
		0→1				
1	0	1→0				
		0→1				
1	1	1→0				
		0→1				

(2)测试 JK 触发器的逻辑功能。

先将 $\overline{R}_D$ 和 $\overline{S}_D$ 端均接"1",然后按表 2-19 的要求改变 J、K、CP 端状态,观察 Q、$\overline{Q}$ 状态变化,观察触发器状态更新是否发生在 CP 脉冲的下降沿(即 CP 由 1→0),记录之。

表 2-19　双 JK 触发器 74LS112 逻辑功能测试

J	K	CP	Q^{n+1}	
			$Q^n=0$	$Q^n=1$
0	0	0→1		
		1→0		
0	1	0→1		
		1→0		
1	0	0→1		
		1→0		
1	1	0→1		
		1→0		

(3)将 JK 触发器的 J、K 端连在一起,构成 T 触发器。

在 CP 端输入 1kHz 连续脉冲,用双踪示波器观察 CP、Q、$\overline{Q}$ 端波形,注意相位关系,记录波形填表 2-20。

表 2-20　T 触发器逻辑功能测试

T	0	1
CP 波形(1kHz 连续脉冲)		
Q 波形		
$\overline{Q}$ 波形		

3. 测试双 D 触发器 74LS74 的逻辑功能

(1)测试 $\overline{R}_D$、$\overline{S}_D$ 的复位、置位功能。

测试方法同本实验内容 2(1),模仿表 2-18 自拟表格记录。

(2)测试 D 触发器的逻辑功能。

先将 $\overline{R}_D$ 和 $\overline{S}_D$ 端均接"1",然后按表 2-21 要求进行测试,并观察触发器状态更新是否发生在 CP 脉冲的上升沿(即由 0→1),记录之。

表 2-21　D 触发器的逻辑功能测试表

D	CP	Q^{n+1}	
		$Q^n=0$	$Q^n=1$
0	0→1		
	1→0		

（续表）

D	CP	Q^{n+1}	
		$Q^n=0$	$Q^n=1$
1	$0{\rightarrow}1$		
	$1{\rightarrow}0$		

【实验总结】

1. 列表整理各类触发器的逻辑功能。
2. 总结观察到的波形，说明触发器的触发方式。
3. 体会触发器的应用。
4. 利用普通的机械开关组成的数据开关所产生的信号是否可作为触发器的时钟脉冲信号？为什么？是否可以用作触发器的其他输入端的信号？又是为什么？

【预习要求】

1. 复习有关触发器内容。
2. 列出各触发器功能测试表格。

2.6 计数器及其应用

【实验目的】

1. 学习用集成触发器构成计数器的方法。
2. 掌握中规模集成计数器的使用及功能测试方法。
3. 运用集成计数器构成分频器。

【实验原理】

计数器是一个用以实现计数功能的时序部件，它不仅可用来计脉冲数，还常用作数字系统的定时、分频和执行数字运算以及其他特定的逻辑功能。

计数器种类很多。按构成计数器中的各触发器是否使用一个时钟脉冲源来分，有同步计数器和异步计数器。根据计数制的不同，分为二进制计数器、十进制计数器和任意进制计数器。根据计数的增减趋势，又分为加法、减法和可逆计数器。还有可预置数和可编程序功能计数器等。目前，无论是 TTL 还是 CMOS 集成电路，都有品种较齐全的中规模集成计数器。使用者只要借助于器件手册提供的功能表和工作波形图以及引出端的排列，就能正确地运用这些器件。

1. 用 D 触发器构成异步二进制加/减计数器

图 2-30 所示是用四只 D 触发器构成的四位二进制异步加法计数器，它的连接特点是将每只 D 触发器接成 T' 触发器，再由低位触发器的 $\bar{Q}$ 端和高一位的 CP 端相连。

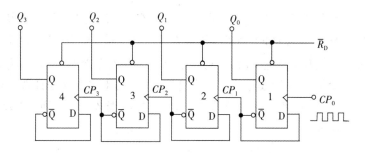

图 2-30　四位二进制异步加法计数器

若将图 2-30 稍加改动，即将低位触发器的 Q 端与高一位的 CP 端相连接，即构成了一个 4 位二进制减法计数器。

2. 中规模十进制计数器

CC40192(74LS192)是同步十进制可逆计数器，具有双时钟输入，并具有清除和置数等功能，其引脚排列及逻辑符号如图 2-31 所示。

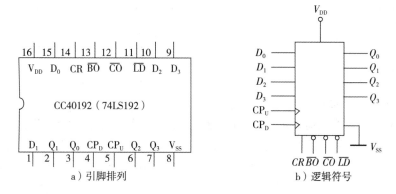

a）引脚排列　　　　　　　　b）逻辑符号

图 2-31　CC40192 引脚排列及逻辑符号

引脚功能说明：

$\overline{LD}$——置数端；$\overline{CO}$——非同步进位输出端；$\overline{BO}$——非同步借位输出端；CR——清除端；CP_U——加计数端；CP_D——减计数端；D_0、D_1、D_2、D_3——计数器输入端；Q_0、Q_1、Q_2、Q_3——数据输出端。

CC40192(同 74LS192，二者可互换使用)的功能见表 2-22 所列。

表 2-22　CC40192 功能表

输　入								输　出			
CR	$\overline{LD}$	CP_U	CP_D	D_3	D_2	D_1	D_0	Q_3	Q_2	Q_1	Q_0
1	×	×	×	×	×	×	×	0	0	0	0
0	0	×	×	d	c	b	a	d	c	b	a
0	1	↑	1	×	×	×	×	加　计　数			
0	1	1	↑	×	×	×	×	减　计　数			

当清除端 CR 为高电平"1"时，计数器直接清零；CR 为低电平"0"时，则执行其他功能。

当 CR 为低电平，$\overline{LD}$ 也为低电平时，数据直接从置数端 D_0、D_1、D_2、D_3 置入计数器。

当 CR 为低电平，$\overline{LD}$ 为高电平时，执行计数功能。执行加计数时，减计数端 CP_D 接高电平，计数脉冲由 CP_U 输入；在计数脉冲上升沿进行 8421 码十进制加法计数。执行减计数时，加计数端 CP_U 接高电平，计数脉冲由减计数端 CP_D 输入，表 2-23 所列为 8421 码十进制加、减计数器的状态转换表。

表 2-23 8421 码十进制加、减计数器状态转换表

输入脉冲数		0	1	2	3	4	5	6	7	8	9
输出	Q_3	0	0	0	0	0	0	0	0	1	1
	Q_2	0	0	0	0	1	1	1	1	0	0
	Q_1	0	0	1	1	0	0	1	1	0	0
	Q_0	0	1	0	1	0	1	0	1	0	1

加计数 →

← 减计数

3. 计数器的级联使用

一个十进制计数器只能表示 0～9 十个数，为了扩大计数器范围，常用多个十进制计数器级联使用。同步计数器往往设有进位（或借位）输出端，故可选用其进位（或借位）输出信号驱动下一级计数器。图 2-32 所示是由 CC40192 利用进位输出 $\overline{CO}$ 控制高一位的 CP_U 端构成的加数联级图。

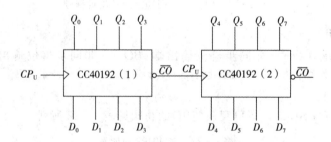

图 2-32 CC40192 联级电路

4. 实现任意进制计数

(1)用复位法获得任意进制计数器。

假定已有 N 进制计数器，而需要得到一个 M 进制计数器时，只要 $M<N$，用复位法使计数器计数到 M 时置"0"，即获得 M 进制计数器。如图 2-33 所示为一个由 CC40192 十进制计数器接成的六进制计数器。

(2)利用预置功能获 M 进制计数器。

图 2-34 所示为用三个 CC40192 组成的 421 进制计数器的示意图。

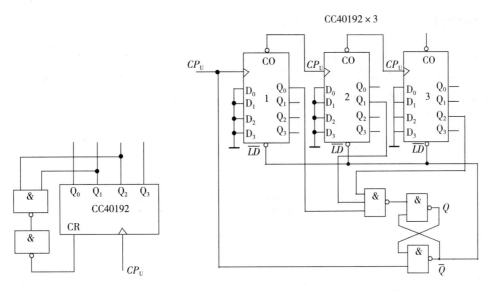

图 2-33 六进制计数器 　　　　　　　　图 2-34 421 进制计数器

外加的由与非门构成的锁存器可以克服器件计数速度的离散性,保证在反馈置"0"信号作用下计数器可靠置"0"。

图 2-35 所示是一个特殊十二进制的计数器电路方案。在数字钟里,对时位的计数序列是 1、2…11、12,1…是 12 进制的,且无 0 数。如图所示,当计数到 13 时,通过与非门产生一个复位信号,使时的十位 CC40192(2)直接置成 0000,而时的个位 CC40192(1)直接置成 0001,从而实现了 1～12 计数。

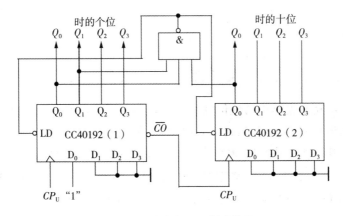

图 2-35 特殊十二进制计数器

【实验设备与器件】

＋5V 直流电源;逻辑电平开关;逻辑电平显示器;单次脉冲源;连续脉冲源;双踪示波器;译码显示器;CC4013(74LS74)×2、CC40192(74LS192)×3、CC4011(74LS00)、CC4012(74LS20)。

【实验内容】

1. 用 CC4013 或 74LS74 D 触发器构成 4 位二进制异步加法计数器

(1)按图 2-30 所示接线，$\bar{R}_D$ 接至逻辑开关输出插口，将低位 CP_0 端接单次脉冲源，输出端 Q_3、Q_2、Q_1、Q_0 接逻辑电平显示输入插口，各 $\bar{S}_D$ 接高电平"1"。

(2)清零后，逐个送入单次脉冲，观察并填表 2-24，记录 $Q_3 \sim Q_0$ 状态。

(3)将单次脉冲改为 1Hz 的连续脉冲，观察 $Q_3 \sim Q_0$ 的状态是否与(2)中描述的变化一致。

表 2-24　输入单次脉冲时 $Q_3 \sim Q_0$ 状态测试

输入脉冲数		0	1	2	3	4	5	6	7	8	9
输出	Q_3										
	Q_2										
	Q_1										
	Q_0										

(4)将 1Hz 的连续脉冲改为 1kHz，用示波器观察 CP、Q_3、Q_2、Q_1、Q_0 波形，记入表 2-25 中。

表 2-25　输入连续脉冲时 $Q_3 \sim Q_0$ 波形测试

波形比较	CP 波形(1kHz脉冲信号)	
	Q_0 波形	
	Q_1 波形	
	Q_2 波形	
	Q_3 波形	

(5)将图 2-30 所示电路中的低位触发器的 Q 端与高一位的 CP 端相连接，构成减法计数器，按本实验内容(2)、(3)、(4)进行实验，观察并列表记录 $Q_3 \sim Q_0$ 的状态。

2. 测试 CC40192 或 74LS192 同步十进制可逆计数器的逻辑功能

计数脉冲由单次脉冲源提供，清除端 CR、置数端 $\overline{LD}$、数据输入端 D_3、D_2、D_1、D_0 分别接逻辑开关，输出端 Q_3、Q_2、Q_1、Q_0 接实验设备的一个译码显示输入相应插口 D、C、B、A；$\overline{CO}$ 和 $\overline{BO}$ 接逻辑电平显示插口。按表 2-22 所列逐项测试并判断该集成块的功能是否正常。

(1)清除

令 $CR=1$，其他输入为任意态，这时 $Q_3Q_2Q_1Q_0=0000$，译码数字显示为 0。清除功能完成后，置 $CR=0$。

(2)置数

$CR=0$，CP_U、CP_D 任意，数据输入端输入任意一组二进制数，令 $\overline{LD}=0$，观察计数译码显示输出，预置功能是否完成，此后置 $\overline{LD}=1$。

(3)加计数

$CR=0,\overline{LD}=CP_{D}=1,CP_{U}$ 接单次脉冲源。清零后送入 10 个单次脉冲,观察译码数字显示是否按 8421 码十进制状态转换表进行;输出状态变化是否发生在 CP_{U} 的上升沿。

(4)减计数

$CR=0,\overline{LD}=CP_{U}=1,CP_{D}$ 接单次脉冲源。参照(3)进行实验。

3. 用两片 CC40192 组成两位十进制加法计数器

如图 2-32 所示,用两片 CC40192 组成两位十进制加法计数器,输入 1Hz 连续计数脉冲,进行由 00~99 累加计数,记录之。

4. 用两片 CC40192 组成两位十进制减法计数器

将两位十进制加法计数器改为两位十进制减法计数器,实现由 99~00 递减计数,画出实验电路图,并验证试验功能。

5. 用一片 CC40192 组成六进制计数器

按图 2-33 所示电路进行实验,记录之。

6. 用两片 CC40192 组成特殊十二进制计数器

按图 2-35 电路进行实验,记录之。

【实验总结】

1. 画出实验线路图,记录整理实验现象及有关波形,对实验结果进行分析。
2. 总结使用集成计数器的体会。

【预习要求】

1. 复习有关计数器部分内容。
2. 绘出各实验内容的详细线路图。
3. 拟出各实验内容所需的测试记录表格。
4. 查手册,给出并熟悉实验所用各集成块的引脚排列图。

2.7 移位寄存器及其应用

【实验目的】

1. 掌握中规模 4 位双向移位寄存器逻辑功能及使用方法。
2. 熟悉移位寄存器的应用——实现数据的串行、并行转换和构成环形计数器。

【实验原理】

1. 移位寄存器功能

移位寄存器是一个具有移位功能的寄存器,是指寄存器中所存的代码能够在移位脉冲的作用下依次左移或右移。既能左移又能右移的称为双向移位寄存器,只需要改变左、右移的控制信号便可实现双向移位要求。根据移位寄存器存取信息的方式不同分为:串入串出、串入并出、并入串出、并入并出四种形式。

本实验选用的 4 位双向通用移位寄存器,型号为 CC40194 或 74LS194,二者功能相同,可互换使用,其引脚排列及逻辑符号如图 2-36 所示。

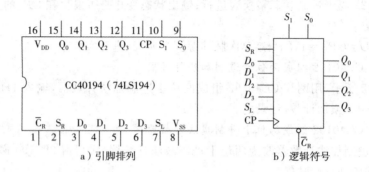

a) 引脚排列　　　　　　　b) 逻辑符号

图 2-36　CC40194 的逻辑符号及引脚功能

引脚功能说明:

D_0、D_1、D_2、D_3——并行输入端;Q_0、Q_1、Q_2、Q_3——并行输出端;S_R——右移串行输入端;S_L——左移串行输入端;S_1、S_0——操作模式控制端;$\overline{C}_R$——直接无条件清零端;CP——时钟脉冲输入端。

CC40194 有 5 种不同操作模式:即并行送数寄存,右移(方向由 $Q_0 \rightarrow Q_3$),左移(方向由 $Q_3 \rightarrow Q_0$),保持及清零。S_1、S_0 和 $\overline{C}_R$ 端的控制作用见表 2-26 所列。

表 2-26　CC40194 功能表

功能	输　入										输　出			
	CP	$\overline{C}_R$	S_1	S_0	S_R	S_L	D_0	D_1	D_2	D_3	Q_0^{n+1}	Q_1^{n+1}	Q_2^{n+1}	Q_3^{n+1}
清除	×	0	×	×	×	×	×	×	×	×	0	0	0	0
送数	↑	1	1	1	×	×	a	b	c	d	a	b	c	d
右移	↑	1	0	1	D_{SR}	×	×	×	×	×	D_{SR}	Q_0^n	Q_1^n	Q_2^n
左移	↑	1	1	0	×	D_{SL}	×	×	×	×	Q_1^n	Q_2^n	Q_3^n	D_{SL}
保持	↑	1	0	0	×	×	×	×	×	×	Q_0^n	Q_1^n	Q_2^n	Q_3^n
保持	↓	1	×	×	×	×	×	×	×	×	Q_0^n	Q_1^n	Q_2^n	Q_3^n

2. 移位寄存器构成计数器

移位寄存器应用很广,可构成移位寄存器型计数器、顺序脉冲发生器、串行累加器;可用作数据转换,即把串行数据转换为并行数据,或把并行数据转换为串行数据等。本实验研究移位寄存器用作环形计数器和数据的串行、并行转换。

(1)环形计数器

把移位寄存器的输出反馈到它的串行输入端,就可以进行循环移位,如图 2-37 所示。

把输出端 Q_3 和右移串行输入端 S_R 相连接,设初始状态 $Q_0Q_1Q_2Q_3=1000$,则在时钟脉冲作用下 $Q_0Q_1Q_2Q_3$ 将依次变为 0100→0010→0001→1000→⋯⋯,见表 2-27 所列,可见它是一个具有四个有效状态的计数器,这种类型的计数器通常称为环形计数器。图 2-37 所示电路可以由各个输出端输出在时间上有先后顺序的脉冲,因此也可作为顺序脉冲发生器。

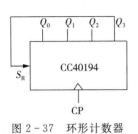

图 2-37 环形计数器

表 2-27 环形计数器状态表

CP	Q_0	Q_1	Q_2	Q_3
0	1	0	0	0
1	0	1	0	0
2	0	0	1	0
3	0	0	0	1

如果将输出 Q_0 与左移串行输入端 S_L 相连接,即可达左移循环移位。

(2)实现数据串行、并行转换

① 串行/并行转换器

串行/并行转换是指串行输入的数码,经转换电路之后变换成并行输出。

图 2-38 所示是用两片 CC40194(74LS194)四位双向移位寄存器组成的七位串行/并行数据转换电路。

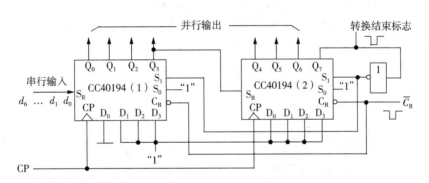

图 2-38 七位串行/并行转换器

电路中 S_0 端接高电平 1,S_1 受 Q_7 控制,两片寄存器连接成串行输入右移工作模式。Q_7 是转换结束标志。当 $Q_7=1$ 时,S_1 为 0,使之成为 $S_1S_0=01$ 的串入右移工作方式;当 $Q_7=0$ 时,$S_1=1$,则 $S_1S_0=11$,则串行送数结束,标志着串行输入的数据已转换成并行输出了。

串行/并行转换的具体过程如下:

转换前,$\overline{C}_R$ 端加低电平,使 1、2 两片寄存器的内容清零,此时 $S_1S_0=11$,寄存器执行并行输入工作方式。当第一个 CP 脉冲到来后,寄存器的输出状态 $Q_0\sim Q_7$ 为 01111111,与此同时 S_1S_0 变为 01,转换电路变为执行串入右移工作方式,串行输入数据由第 1 片的 S_R 端加入。随着 CP 脉冲的依次加入,输出状态的变化见表 2-28 所列。

表 2-28 七位串/并行数据转换状态表

CP	Q_0	Q_1	Q_2	Q_3	Q_4	Q_5	Q_6	Q_7	说明
0	0	0	0	0	0	0	0	0	清零
1	0	1	1	1	1	1	1	1	送数
2	d_0	0	1	1	1	1	1	1	右移操作七次
3	d_1	d_0	0	1	1	1	1	1	
4	d_2	d_1	d_0	0	1	1	1	1	
5	d_3	d_2	d_1	d_0	0	1	1	1	
6	d_4	d_3	d_2	d_1	d_0	0	1	1	
7	d_5	d_4	d_3	d_2	d_1	d_0	0	1	
8	d_6	d_5	d_4	d_3	d_2	d_1	d_0	0	
9	0	1	1	1	1	1	1	1	送数

由表 2-28 可见,右移操作七次之后,Q_7 变为 0,S_1S_0 又变为 11,说明串行输入结束。这时,串行输入的数码已经转换成了并行输出了。

当再来一个 CP 脉冲时,电路又重新执行一次并行输入,为第二组串行数码转换做好了准备。

② 并行/串行转换器

并行/串行转换器是指并行输入的数码经转换电路之后,换成串行输出。

图 2-39 所示是用两片 CC40194(74LS194)组成的七位并行/串行转换电路,它比图 2-38 多了两只与非门 G_1 和 G_2,电路工作方式同样为右移。

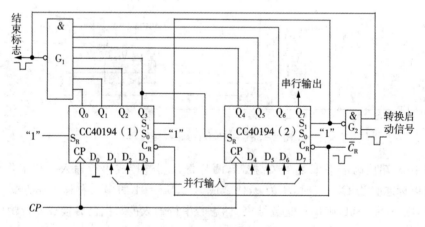

图 2-39 七位并行/串行转换器

寄存器清"0"后,加一个转换启动信号(负脉冲或低电平)。此时,由于方式控制 S_1S_0 为 11,转换电路执行并行输入操作。当第一个 CP 脉冲到来后,$Q_0Q_1Q_2Q_3Q_4Q_5Q_6Q_7$ 的状态为 $0D_1D_2D_3D_4D_5D_6D_7$,并行输入数码存入寄存器。从而使得 G_1 输出为 1,G_2 输出为 0。结果,S_1S_2 变为 01,转换电路随着 CP 脉冲的加入,开始执行右移串行输出,随着 CP 脉冲的依次加入,输出状态依次右移,待右移操作七次后,$Q_0 \sim Q_6$ 的状态都为高电平 1,与非门 G_1 输出为低电平,G_2门输出为高电平,$S_1 S_2$又变为11,表示并行/串行转换结束,且为第二次并行输入创造了条件。转换过程见表2 - 29所列。

表2 - 29　七位并行/串行数据转换状态表

CP	Q_0	Q_1	Q_2	Q_3	Q_4	Q_5	Q_6	Q_7	串　行　输　出						
0	0	0	0	0	0	0	0	0							
1	0	D_1	D_2	D_3	D_4	D_5	D_6	D_7							
2	1	0	D_1	D_2	D_3	D_4	D_5	D_6	D_7						
3	1	1	0	D_1	D_2	D_3	D_4	D_5	D_6	D_7					
4	1	1	1	0	D_1	D_2	D_3	D_4	D_5	D_6	D_7				
5	1	1	1	1	0	D_1	D_2	D_3	D_4	D_5	D_6	D_7			
6	1	1	1	1	1	0	D_1	D_2	D_3	D_4	D_5	D_6	D_7		
7	1	1	1	1	1	1	0	D_1	D_2	D_3	D_4	D_5	D_6	D_7	
8	1	1	1	1	1	1	1	0	D_1	D_2	D_3	D_4	D_5	D_6	D_7
9	0	D_1	D_2	D_3	D_4	D_5	D_6	D_7							

【实验设备及器件】

+5V直流电源;逻辑电平开关;逻辑电平显示器;单次脉冲源;CC40194×2(74LS194)、CC4011(74LS00)、CC4068(74LS30)。

【实验内容】

1. 测试 CC40194(或 74LS194)的逻辑功能

按图2 - 40所示接线,$\overline{C}_R$、S_1、S_0、S_L、S_R、D_0、D_1、D_2、D_3分别接至逻辑开关的输出插口,Q_0、Q_1、Q_2、Q_3接至逻辑电平显示输入插口,CP端接单次脉冲源。

按表2 - 30所规定的输入状态,逐项进行测试。

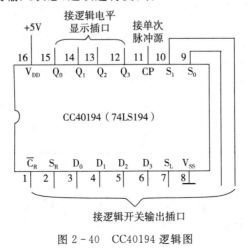

图2 - 40　CC40194逻辑图

（1）清除

令 $\overline{C}_R = 0$，其他输入任意，这时寄存器输出 Q_0、Q_1、Q_2、Q_3 应均为 0。清除后，置 $\overline{C}_R = 1$。

（2）送数

令 $\overline{C}_R = S_1 = S_0 = 1$，送入任意 4 位二进制数，如 $D_0 D_1 D_2 D_3 = abcd$，加 CP 脉冲，观察 CP = 0、CP 由 0→1、CP 由 1→0 三种情况下寄存器输出状态的变化，观察寄存器输出状态变化是否发生在 CP 脉冲的上升沿。

（3）右移

清零后，令 $\overline{C}_R = 1$，$S_1 = 0$，$S_0 = 1$，由右移输入端 S_R 送入二进制数码如 0100，由 CP 端连续加 4 个脉冲，观察输出情况，记录之。

（4）左移

先清零或预置，再令 $\overline{C}_R = 1$，$S_1 = 1$，$S_0 = 0$，由左移输入端 S_L 送入二进制数码如 1111，连续加 4 个 CP 脉冲，观察输出端情况，记录之。

（5）保持

寄存器预置任意 4 位二进制数码 $abcd$，令 $\overline{C}_R = 1$，$S_1 = S_0 = 0$，加 CP 脉冲，观察寄存器输出状态，记录之。

表 2-30　CC40194 逻辑功能测试

清除	模　式		时钟	串　行		输　入	输　出	功能总结
$\overline{C}_R$	S_1	S_0	CP	S_L	S_R	$D_0\ D_1\ D_2\ D_3$	$Q_0\ Q_1\ Q_2\ Q_3$	
0	×	×	×	×	×	××××		
1	1	1	↑	×	×	$a\ b\ c\ d$		
1	0	1	↑	×	0	××××		
1	0	1	↑	×	1	××××		
1	0	1	↑	×	×	××××		
1	0	1	↑	×	0	××××		
1	1	0	↑	1	×	××××		
1	1	0	↑	1	×	××××		
1	1	0	↑	1	×	××××		
1	1	0	↑	1	×	××××		
1	0	0	↑	×	×	××××		

2. 环形计数器

自拟实验线路，用并行送数法预置寄存器为某二进制数码（如 0100），然后进行右移循环，观察寄存器输出端状态的变化，记入表 2-31 中。

表 2-31 环形计数器状态测试

CP	Q_0	Q_1	Q_2	Q_3
0	0	1	0	0
1				
2				
3				
4				

3. 实现数据的串行、并行转换

(1)串行输入、并行输出

按图 2-38 所示接线,进行右移串入、并出实验,串入数码自定;改接线路用左移方式实现并行输出。自拟表格,记录之。

(2)并行输入、串行输出

按图 2-39 所示接线,进行右移并入、串出实验,并入数码自定。再改接线路用左移方式实现串行输出。自拟表格,记录之。

【实验总结】

1. 分析表 2-30 实验结果,总结移位寄存器 CC40194 逻辑功能,填入功能总结栏中。

2. 根据本实验内容 2 的结果,画出 4 位环形计数器的状态转换图及波形图。

【预习要求】

1. 复习有关寄存器及串行、并行转换器有关内容。

2. 查阅 CC40194、CC4011 及 CC4068 逻辑线路,熟悉其逻辑功能及引脚排列。

3. 对 CC40194 送数后,若要使输出端改成另外的数码,是否一定要使寄存器清零?

4. 使寄存器清零,除采用 $\overline{C}_R$ 输入低电平外,可否采用右移或左移的方法? 可否使用并行送数法? 若可行,如何进行操作?

5. 若进行循环左移,图 2-39 接线应如何改接?

6. 画出用两片 CC40194 构成的七位左移串/并行转换器线路。

7. 画出用两片 CC40194 构成的七位左移并行/串行转换器线路。

2.8 555 时基电路及其应用

【实验目的】

1. 熟悉 555 集成时基电路结构、工作原理及其特点。

2. 掌握 555 集成时基电路的基本应用。

【实验原理】

集成时基电路又称为集成定时器或 555 电路，是一种数字、模拟混合型的中规模集成电路，应用十分广泛。它是一种产生时间延迟和多种脉冲信号的电路，由于内部电压标准使用了三个 5kΩ 电阻，故取名 555 电路。其电路类型有双极型和 CMOS 型两大类，二者的结构与工作原理类似。几乎所有的双极型产品型号最后的三位数码都是 555 或 556；所有的 CMOS 产品型号最后四位数码都是 7555 或 7556，二者的逻辑功能和引脚排列完全相同，易于互换。555 和 7555 是单定时器，556 和 7556 是双定时器。

1. 555 电路的工作原理

555 电路的内部电路方框图如图 2-41 所示。它含有两个电压比较器，一个基本 RS 触发器，一个放电开关管 T，比较器的参考电压由三只 5kΩ 的电阻器构成的分压器提供。它们分别使高电平比较器 A_1 的同相输入端和低电平比较器 A_2 的反相输入端的参考电平为 $2/3\,V_{CC}$ 和 $1/3\,V_{CC}$。A_1 与 A_2 的输出端控制 RS 触发器状态和放电管开关状态。当输入信号自 6 脚输入并高于参考电平 $2/3\,V_{CC}$ 时，触发器复位，555 的输出端 3 脚输出低电平，同时放电开关管导通；当输入信号自 2 脚输入并低于 $1/3\,V_{CC}$ 时，触发器置位，555 的 3 脚输出高电平，同时放电开关管截止。

$\overline{R}_D$ 是复位端（4 脚），当 $\overline{R}_D = 0$，555 输出低电平。平时 $\overline{R}_D$ 端开路或接 V_{CC}。

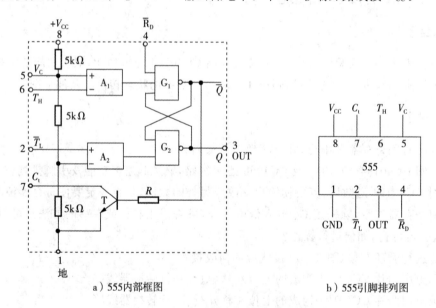

a）555内部框图   b）555引脚排列图

图 2-41　555 定时器内部框图及引脚排列

V_C 是控制电压端（5 脚），平时输出 $2/3\,V_{CC}$ 作为比较器 A_1 的参考电平，当 5 脚外接一个输入电压，即改变了比较器的参考电平，从而实现对输出的另一种控制，在不接外加电压时，通常接一个 0.01μF 的电容器到地，起滤波作用，以消除外来的干扰，以确保参考电平的稳定。T 为放电管，当 T 导通时，将给连接脚 7 的电容器提供低阻放电通路。

555 定时器主要是与电阻、电容构成充放电电路，并由两个比较器来检测电容器上的电压，以确定输出电平的高低和放电开关管的通断，这就很方便地构成从微秒到数十分钟的延时电路,可方便地构成单稳态触发器、多谐振荡器、施密特触发器等脉冲产生或波形变换电路。

2.555定时器的典型应用

(1)构成单稳态触发器

图2-42a所示为由555定时器和外接定时元件 R、C 构成的单稳态触发器。触发电路由 C_1、R_1、D 构成,其中 D 为钳位二极管,稳态时555电路输入端处于电源电平,放电开关管 T 导通,输出端 F 输出低电平,当有一个外部负脉冲触发信号经 C_1 加到2端。并使2端电位瞬时低于 $1/3\,V_{CC}$,低电平比较器动作,单稳态电路即开始一个暂态过程,电容 C 开始充电, V_C 按指数规律增长。当 V_C 充电到 $2/3\,V_{CC}$ 时,高电平比较器动作,比较器 A_1 翻转,输出 V_0 从高电平返回低电平,放电开关管 T 重新导通,电容 C 上电荷很快经放电开关管放电,暂态结束,恢复稳态,为下个触发脉冲的来到做好准备。波形图如图2-42b所示。

暂稳态的持续时间 t_w(即为延时时间)决定于外接元件 R、C 值的大小,$t_w = 1.1RC$。

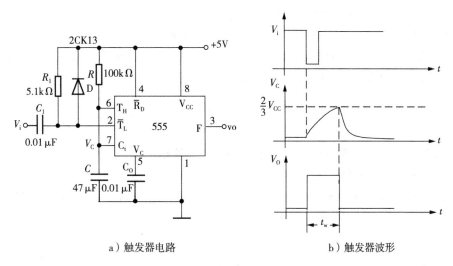

a)触发器电路　　　　　　　　　　b)触发器波形

图2-42　单稳态触发器

(2)构成多谐振荡器

如图2-43a所示,由555定时器和外接元件 R_1、R_2、C 构成多谐振荡器,脚2与脚6直接相连。电路没有稳态,仅存在两个暂稳态,电路亦不需要外加触发信号,利用电源通过 R_1、R_2 向 C 充电,以及 C 通过 R_2 向放电端 C_t 放电,使电路产生振荡。电容 C 在 $1/3V_{CC}$ 和 $2/3\,V_{CC}$ 之间充电和放电,其波形如图2-43b所示。输出信号的时间参数是:

$$T = t_{w1} + t_{w2}$$

$$t_{w1} = 0.7(R_1 + R_2)C$$

$$t_{w2} = 0.7R_2C$$

555电路要求 R_1 与 R_2 均应大于或等于 $1k\Omega$,但 $R_1 + R_2$ 应小于或等于 $3.3M\Omega$。

外部元件的稳定性决定了多谐振荡器的稳定性,555定时器配以少量的元件即可获得较高精度的振荡频率和具有较强的功率输出能力,因此这种形式的多谐振荡器应用很广。

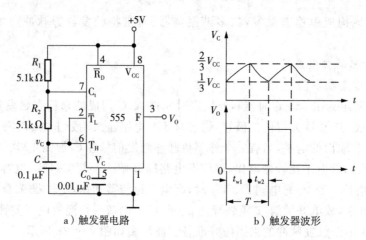

a）触发器电路   b）触发器波形

图2-43　多谐振荡器

（3）组成占空比可调的多谐振荡器

电路如图2-44所示，它比图2-43所示电路增加了一个电位器和两个导引二极管。D_1、D_2用来决定电容充、放电电流流经电阻的途径（充电时 D_1 导通，D_2 截止；放电时 D_2 导通，D_1 截止）。占空比用 P 表示，即

$$P = \frac{t_{w1}}{t_{w1} + t_{w2}} \approx \frac{0.7 R_A C}{0.7 C (R_A + R_B)} = \frac{R_A}{R_A + R_B}$$

可见，若取 $R_A = R_B$，电路即可输出占空比为 50% 的方波信号。

（4）组成施密特触发器

电路如图2-45所示，只要将脚2、6连在一起作为信号输入端，即得到施密特触发器。图2-46示出了 V_s、V_i 和 V_O 的波形图。

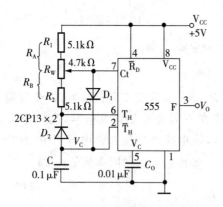

图2-44　占空比可调的多谐振荡器

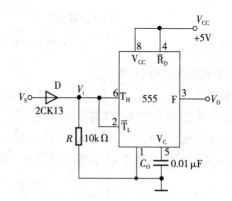

图2-45　施密特触发器

设被整形变换的电压为正弦波 V_s，其正半波通过二极管 D 同时加到 555 定时器的 2 脚和 6 脚，得 V_i 为半波整流波形。当 V_i 上升到 $2/3 V_{CC}$ 时，V_O 从高电平翻转为低电平；当 V_i 下降到 $1/3 V_{CC}$ 时，V_O 又从低电平翻转为高电平。电路的电压传输特性曲线如图2-47所示。回差电压是

$$\Delta V = \frac{2}{3}V_{CC} - \frac{1}{3}V_{CC} = \frac{1}{3}V_{CC}$$

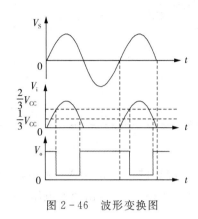

图 2-46　波形变换图

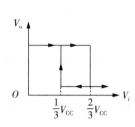

图 2-47　电压传输特性

【实验设备与器件】

　　+5V 直流电源;逻辑电平显示器;连续脉冲源;单次脉冲源;数字频率计;音频信号源;双踪示波器;555×2、2CK13×2、电位器、电阻、电容若干。

【实验内容】

　　1. 单稳态触发器

　　(1)按图 2-42 所示连线,取 $R=100k\Omega$,$C=47\mu F$,输入信号 V_i 加 1kHz 的连续脉冲,用双踪示波器观测 V_i、V_c、V_o 波形。测定幅度与暂稳时间。

　　(2)将 R 改为 $1k\Omega$,C 改为 $0.1\mu F$,输入端加 1kHz 的连续脉冲,观测波形 V_i、V_c、V_o,测定幅度及暂稳时间。将(1)、(2)结果填入表 2-32 中。

表 2-32　单稳态触发器信号测试

	信号波形比较			信号参数测量	
	V_i	V_c	V_o	幅度 V_o	暂稳时间 t_w
$R=100k\Omega$ $C=47\mu F$					
$R=1k\Omega$ $C=0.1\mu F$					

　　2. 多谐振荡器

　　(1)按图 2-43 所示接线,用双踪示波器观测 V_c 与 V_o 的波形,测定频率。

　　(2)按图 2-44 所示接线,组成占空比为 50% 的方波信号发生器。观测 V_c 与 V_o 波形,测定波形参数。将(1)、(2)结果填入表 2-33 中。

表 2-33　多谐振荡器信号测试

信号波形比较		信号参数测量		
V_C	V_O	幅度 V_O	t_{w1}	t_{w2}
多谐振荡器				
占空比为 50% 的方波信号发生器				

3. 施密特触发器

按图 2-45 所示接线，输入信号由音频信号源提供，预先调好 V_S 的频率为 1kHz，接通电源，逐渐加大 V_S 的幅度，观测输出波形，测绘电压传输特性，算出回差电压 $\triangle U$。将结果填入表 2-34 中。

表 2-34　施密特触发器信号测试

信号波形比较			描绘电压传输特性曲线	回差电压 $\triangle U$
V_S	V_i	V_O		

【实验总结】

1. 绘出详细的实验线路图，定量绘出观测到的波形。
2. 分析、总结实验结果。

【预习要求】

1. 复习有关 555 定时器的工作原理及其应用。
2. 拟定实验中所需的数据、表格等。
3. 如何用示波器测定施密特触发器的电压传输特性曲线？
4. 拟定各次实验的步骤和方法。

2.9　智力竞赛抢答器

【实验目的】

1. 学习数字电路中 D 触发器、分频电路、多谐振荡器、CP 时钟脉冲源等单元电路的综合运用。
2. 熟悉智力竞赛抢赛器的工作原理。
3. 了解简单数字系统实验、调试及故障排除方法。

【实验原理】

图 2-48 所示为供 4 人用的智力竞赛抢答装置线路,用以判断抢答优先权。

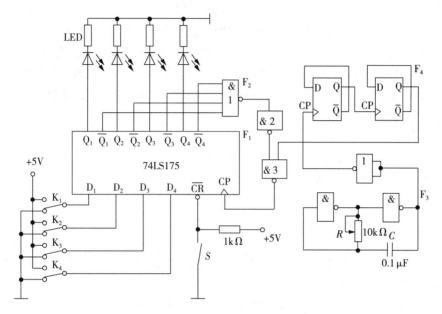

图 2-48 智力竞赛抢答装置原理图

图中 F_1 为四 D 触发器 74LS175,它具有公共置 0 端和公共 CP 端,引脚排列如图 2-49 所示;F_2 为双 4 输入与非门 74LS20;F_3 是由 74LS00 组成的多谐振荡器;F_4 是由 74LS74 组成的四分频电路,F_3、F_4 组成抢答电路中的 CP 时钟脉冲源,抢答开始时,由主持人清除信号,按下复位开关 S,74LS175 的输出 $Q_1 \sim Q_4$ 全为 0,所有发光二极管 LED 均熄灭,当主持人宣布"抢答开始"后,首先做出判断的参赛者立即按下开关,对应的发光二极管点亮,同时,通过与非门 F_2 送出信号锁住其余三个抢答者的电路,不再接受其他信号,直到主持人再次清除信号为止。

【实验设备与器件】

+5V 直流电源;逻辑电平开关;逻辑电平显示器;直流数字电压表;数字频率计;双踪示波器;74LS175、74LS20、74LS74、74LS00。

【实验内容】

1. 连接电路

按图 2-48 所示接线,抢答器 5 个开关接实验装置上的逻辑开关,发光二极管接逻辑电平显示器。

2. 调试多谐振荡器 F_3 及分频器 F_4

断开抢答器电路中 CP 脉冲源电路,单独对多谐振荡器 F_3 及分频器 F_4 进行调试,调整多谐振荡器 10kΩ 电位器,使其输出脉冲频率约 4kHz,观察 F_3 及 F_4 输出波形及测试其频率。

3. 测试抢答器电路功能

接通＋5V电源，CP端接实验装置上连续脉冲源，取重复频率约1kHz。

(1)抢答开始前，开关K_1、K_2、K_3、K_4均置"0"，准备抢答。

① 将开关S置"0"，发光二极管全熄灭，再将S置"1"。

② 抢答开始，K_1、K_2、K_3、K_4某一开关置"1"，观察发光二极管的亮、灭情况。

③ 再将其他三个开关中任一个置"1"，观察发光二极管的亮、灭有否改变。

(2)重复(1)的内容，改变K_1、K_2、K_3、K_4任一个开关状态，观察抢答器的工作情况。

(3)整体测试，断开实验装置上的连续脉冲源，接入F_3及F_4，再进行实验。

【实验总结】

1. 分析智力竞赛抢答装置各部分功能及工作原理。

2. 总结数字系统的设计、调试方法。

3. 分析实验中出现的故障及解决办法。

【预习要求】

若在图2-48所示电路中加一个计时功能，要求计时电路显示时间精确到秒，最多限制为2分钟，一旦超出限时，则取消抢答权，电路如何改进？

【备注】四D触发器74LS175的引脚排列如图2-49所示。

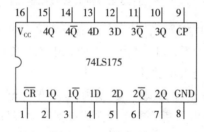

图2-49　74LS175引脚排列图

2.10　电子秒表

【实验目的】

1. 学习数字电路中基本RS触发器、单稳态触发器、时钟发生器及计数、译码显示等单元电路的综合应用。

2. 学习电子秒表的调试方法。

【实验原理】

图2-50所示为电子秒表的原理图，按功能分成四个单元电路进行分析。

1. 基本RS触发器

图2-50中单元I为用集成与非门构成的基本RS触发器，属低电平直接触发的触发

器,有直接置位、复位的功能。它的一路输出 $\bar{Q}$ 作为单稳态触发器的输入,另一路输出 Q 作为与非门 5 的输入控制信号。

基本 RS 触发器在电子秒表中的功能是启动和停止秒表的工作。按动按钮开关 K_2(接地),则门 1 输出 $\bar{Q}=1$;门 2 输出 $Q=0$,K_2 复位后,Q、$\bar{Q}$ 状态保持不变。再按动按钮开关 K_1,则 Q 由 0 变为 1,门 5 开启,为计数器启动做好准备。$\bar{Q}$ 由 1 变 0,送出负脉冲,启动单稳态触发器工作。

2. 单稳态触发器

图 2-50 中单元 Ⅱ 为用集成与非门构成的微分型单稳态触发器,图 2-51 所示为各点波形图。

单稳态触发器的输入触发负脉冲信号 V_i 由基本 RS 触发器 $\bar{Q}$ 端提供,输出负脉冲 V_o 通过非门加到计数器的清除端 R。单稳态触发器在电子秒表中的功能是为计数器提供清零信号。

静态时,门 4 应处于截止状态,故电阻 R 必须小于门的关门电阻 R_{off}。定时元件 RC 取值不同,输出脉冲宽度也不同。当触发脉冲宽度小于输出脉冲宽度时,可以省去输入微分电路的 R_P 和 C_P。

3. 时钟发生器

图 2-50 中单元 Ⅲ 为用 555 定时器构成的多谐振荡器,是一种性能较好的时钟源。

调节电位器 R_W,使在输出端 3 获得频率为 50Hz 的矩形波信号,当基本 RS 触发器 $Q=1$ 时,门 5 开启,此时 50Hz 脉冲信号通过门 5 作为计数脉冲加于计数器(1)的计数输入端 CP_2。

4. 计数及译码显示

二-五-十进制加法计数器 74LS90 构成电子秒表的计数单元,如图 2-50 中单元 Ⅳ 所示。其中计数器(1)接成五进制形式,对频率为 50Hz 的时钟脉冲进行 5 分频,在输出端 Q_D 取得周期为 0.1s 的矩形脉冲,作为计数器(2)的时钟输入。计数器(2)及计数器(3)接成 8421 码十进制形式,其输出端与实验装置上译码显示单元的相应输入端连接,可显示 0.1～0.9s,1～9.9s 计时。

集成异步计数器 74LS90 是异步二-五-十进制加法计数器,它既可以作二进制加法计数器,又可以作五进制和十进制加法计数器。图 2-52 所示为 74LS90 引脚排列,表 2-35 所列为功能表。

通过不同的连接方式,74LS90 可以实现四种不同的逻辑功能,借助 $R_0(1)$、$R_0(2)$ 对计数器清零,借助 $S_9(1)$、$S_9(2)$ 将计数器置 9,其具体功能详述如下:

(1)计数脉冲从 CP_1 输入,Q_A 作为输出端,为二进制计数器。

(2)计数脉冲从 CP_2 输入,$Q_DQ_CQ_B$ 作为输出端,为异步五进制加法计数器。

(3)若将 CP_2 和 Q_A 相连,计数脉冲由 CP_1 输入,Q_D、Q_C、Q_B、Q_A 作为输出端,则构成异步 8421 码十进制加法计数器。

(4)若将 CP_1 与 Q_D 相连,计数脉冲由 CP_2 输入,Q_A、Q_D、Q_C、Q_B 作为输出端,则构成异步 5421 码十进制加法计数器。

(5)清零、置 9 功能。

① 异步清零

当 $R_0(1)$、$R_0(2)$ 均为"1",$S_9(1)$、$S_9(2)$ 中有"0"时,实现异步清零功能,即 $Q_DQ_CQ_BQ_A$

＝0000。

② 置9功能

当 $S_9(1)$、$S_9(2)$ 均为"1"，$R_0(1)$、$R_0(2)$ 中有"0"时，实现置 9 功能，即 $Q_D Q_C Q_B Q_A$ ＝1001。

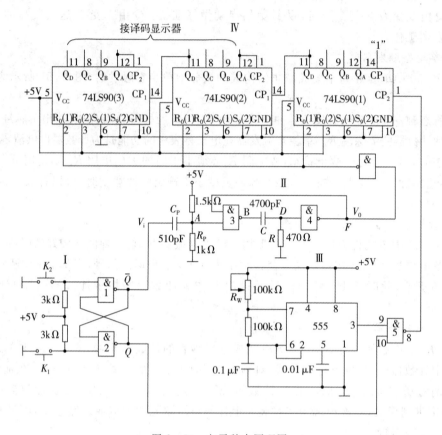

图 2-50 电子秒表原理图

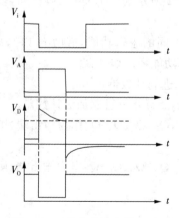

图 2-51 单稳态触发器波形图

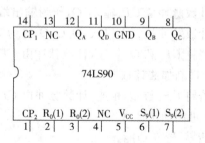

图 2-52 74LS90 引脚排列

表 2-35　74LS90 功能表

输　入						输　出	功　能
清　零		置　9		时　钟		$Q_D Q_C Q_B Q_A$	
$R_0(1)、R_0(2)$		$S_9(1)、S_9(2)$		$CP_1 \quad CP_2$			
1　　1		0　　×		×	×	0　0　0　0	清零
		×　　0					
0　　×		1　　1		×	×	1　0　0　1	置9
×　　0							
0　　×		0　　×		↓	1	Q_A 输出	二进制计数
×　　0		×　　0		1	↓	$Q_D Q_C Q_B$ 输出	五进制计数
				↓	Q_A	$Q_D Q_C Q_B Q_A$ 输出 8421BCD 码	十进制计数
				Q_D	↓	$Q_A Q_D Q_C Q_B$ 输出 5421BCD 码	十进制计数
				1	1	不　变	保　持

【实验设备及器件】

+5V 直流电源;双踪示波器;直流数字电压表;数字频率计;单次脉冲源;连续脉冲源;逻辑电平开关;逻辑电平显示器;译码显示器;74LS00×2、555×1、74LS90×3;电位器、电阻、电容若干。

【实验内容】

由于实验电路中使用器件较多,实验前必须合理安排各器件在实验装置上的位置,使电路逻辑清楚,接线较短。实验时,应按照实验任务的次序,将各单元电路逐个进行接线和调试,即分别测试基本 RS 触发器、单稳态触发器、时钟发生器及计数器的逻辑功能,待各单元电路工作正常后,再将有关电路逐级连接起来进行测试,直到测试电子秒表整个电路的功能。这样的测试方法有利于检查和排除故障,保证实验顺利进行。

1. 基本 RS 触发器的测试

测试方法参考 2.5 节实验内容。

2. 单稳态触发器的测试

(1)静态测试

用直流数字电压表测量 A、B、D、F 各点电位值,记录之。

(2)动态测试

输入端接 1kHz 连续脉冲源,用示波器观察并描绘 D 点(V_D)、F 点(V_0)波形,若单稳输出脉冲持续时间太短,难以观察,可适当加大微分电容 C(如改为 $0.1\mu F$),待测试完毕,再恢复 4700pF。

3. 时钟发生器的测试

测试方法参考 2.8 节实验内容，用示波器观察输出电压波形并测量其频率，调节 R_W，使输出矩形波频率为 50Hz。

4. 计数器的测试

(1)计数器(1)接成五进制形式，$R_0(1)$、$R_0(2)$、$S_9(1)$、$S_9(2)$接逻辑开关输出插口，CP_2 接单次脉冲源，CP_1接高电平"1"，$Q_D \sim Q_A$接实验设备上译码显示输入端 D、C、B、A，按表 2 - 35 测试其逻辑功能，记录之。

(2)计数器(2)及计数器(3)接成 8421 码十进制形式，同内容(1)进行逻辑功能测试，记录之。

(3)将计数器(1)、(2)、(3)级连，进行逻辑功能测试，记录之。

5. 电子秒表的整体测试

各单元电路测试正常后，按图 2 - 50 所示把几个单元电路连接起来，进行电子秒表的总体测试。先按一下按钮开关 K_2，此时电子秒表不工作，再按一下按钮开关 K_1，则计数器清零后便开始计时，观察数码管显示计数情况是否正常，如不需要计时或暂停计时，按一下开关 K_2，计时立即停止，数码管保留计时值。

6. 电子秒表准确度的测试

利用电子钟或手表的秒计时，对电子秒表进行校准。

【实验总结】

1. 总结电子秒表整个调试过程。

2. 分析调试中发现的问题及故障排除方法。

【预习要求】

1. 复习数字电路中 RS 触发器、单稳态触发器、时钟发生器及计数器等部分内容。

2. 除了本实验中所采用的时钟源外，选用另外两种不同类型的时钟源，供本实验使用，画出电路图，选取元器件。

3. 列出电子秒表单元电路的测试表格。

4. 列出调试电子秒表的步骤。

第3章　Multisim10 使用简介

Multisim 是一个完整的设计工具系统,提供了一个庞大的元件数据库,并提供原理图输入接口、全部的数模 SPICE 仿真功能、VHDL/Verilog 设计接口与仿真功能、FPGA/CPLD综合、RF 射频设计能力和后处理功能,还可以进行从原理图到 PCB 布线工具包的无缝数据传输。

NI Multisim10 是美国国家仪器(National Instrument,NI)公司于 2007 年推出的电子线路仿真软件 Multisim 新版本。它提供了全面集成化的设计环境,完成从原理图设计输入、电路仿真分析到电路功能测试等工作。它用软件的方法虚拟数千种电路元器件和 21 种虚拟仪器供实验选用;它提供了 19 种电路分析功能,可以完成电路的瞬态分析、稳态分析等电路分析方法,以帮助设计人员分析电路的性能;它还可以设计、测试和演示各种电子电路,包括电工电路、模拟电路、数字电路、射频电路及部分微机接口电路等。

3.1　Multisim10 的操作界面

3.1.1　Multisim10 基本界面

依次点击开始→程序→ National Instruments→Circuit Suite10.0→Multisim,打开Multisim10 基本界面,如图 3-1 所示。

Multisim10 基本界面包括菜单栏、标准工具栏、主工具栏、元器件工具栏、仪器工具栏、电路窗口、状态栏、电路元件属性视窗口等。

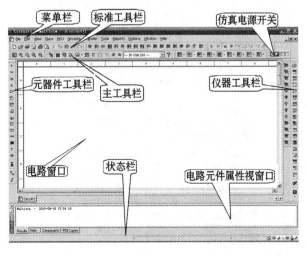

图 3-1　Multisim10 基本界面

3.1.2 菜单栏

Multisim10 的菜单栏(MenuBar)提供了该软件的绝大部分功能命令,如图 3－2 所示,从左到右依次为:File(文件)、Edit(编辑)、View(窗口显示)、Place(放置)、Simulate(仿真)、Transfer (转换)、Tools(工具)、Reports(报告)、Options(选项)、Window(窗口)和 Help(帮助)。

File Edit View Place Simulate Transfer Tools Reports Options Window Help

图 3－2 Multisim10 菜单栏

1. File(文件)菜单(如图 3－3 所示)

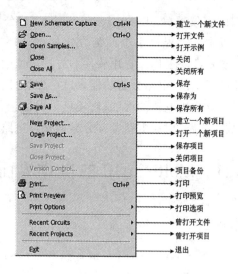

图 3－3 File 菜单

2. Edit(编辑)菜单(如图 3－4 所示)

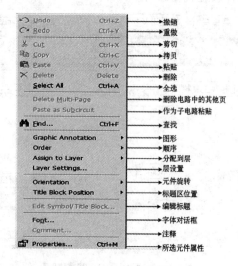

图 3－4 Edit 菜单

3. View(窗口显示)菜单(如图3-5所示)

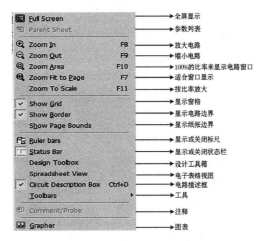

图3-5 View菜单

4. Place(放置)菜单(如图3-6所示)

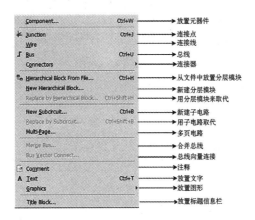

图3-6 Place菜单

5. Simulate(仿真)菜单(如图3-7所示)

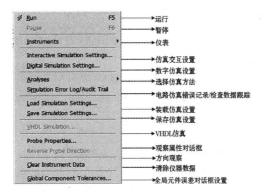

图3-7 Simulate菜单

6. Transfer(转换)菜单(如图 3-8 所示)

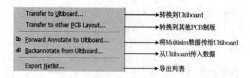

图 3-8　Transfer 菜单

7. Tools(工具)菜单(如图 3-9 所示)

图 3-9　Tools 菜单

8. Reports(报告)菜单(如图 3-10 所示)

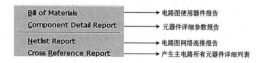

图 3-10　Reports 菜单

9. Options(选项)菜单(如图 3-11 所示)

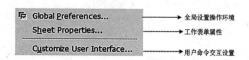

图 3-11　Options 菜单

10. Window(窗口)菜单(如图 3-12 所示)

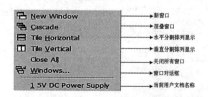

图 3-12　Window 菜单

11. Help(帮助)菜单(如图 3 - 13 所示)

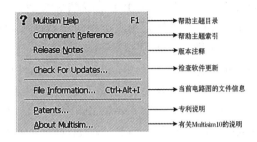

图 3 - 13　Help 菜单

3.1.3　工具栏

1. 标准工具栏(Standard)

标准工具栏位于菜单栏的下方,与 Windows 的同类应用软件的按钮类似,如图 3 - 14 所示,从左到右按钮分别是:新建文件(New)、打开文件(Open File)、打开样本(Open a sample design)、保存(Save File)、打印(Print Circuit)、打印预览(Print Preview)、剪切(Cut)、复制(Copy)、粘贴(Paste)、撤销(Undo)、恢复(Redo)。

图 3 - 14　标准工具栏

2. 主工具栏(Main)

主工具栏如图 3 - 15 所示,它们都是一些快捷键按钮,从左至右分别是:显示/隐藏设计工具栏、显示/隐藏电路元件属性视窗、元件库管理、创建元件、图形/分析列表、后处理、电气规则检查、Ultiboard 后标注、Ultiboard 前标注、当前电路元器件列表框、帮助。

图 3 - 15　主工具栏

3. 视图工具栏(View)

视图工具栏如图 3 - 16 所示,从左至右按钮分别是:切换全屏(Toggle Full Screen)、放大(Increase Zoom)、缩小(Decrease Zoom)、选择区域放大(Zoom to Selected Area)、放大到合适页面(Zoom Fit to Page)。

图 3 - 16　视图工具栏

4. 元器件工具栏(Components)

Multisim10 将所有的元件分为 16 类,加上分层模块和总线共同组成元器件工具栏,如图 3-17 所示,单击每个元件按钮,可以打开相应类别的元器件库,并选中该分类库。

该工具栏从左至右按钮分别是:电源库(Source)、基本元件库(Basic)、二极管库(Diode)、晶体管库(Transistor)、模拟元件库(Analog)、TTL 元件库(TTL)、CMOS 元件库(CMOS)、数字元件库(MiscDigital)、混合元件库(Mixed)、指示元件库(Indicator)、电源控制元件库(Power Component)、其他元件库(Miscellaneous)、高级外设元件库(Advanced Peripherals)、射频元件库(RF)、机电类元件库(Electromechanical)、微控制器元件库(MCU-Module)、放置分层模块(Hierarchical Block)、放置总线(BUS)。

图 3-17 元器件工具栏

5. 仪器工具栏(Instrument)

Multisim10 中提供了 21 种虚拟仪器,仪器工具栏如图 3-18 所示,通常位于电路窗口的右边,也可以将其托至菜单栏的下方,呈水平状。

该工具栏从左到右按钮分别是:数字万用表(Multimeter)、失真度仪(Distortion Analyzer)、函数发生器(Function Generator)、瓦特表(Wattermeter)、双通道示波器(Oscilloscape)、频率计(Frequency Counter)、Agilent 信号发生器(Agilent Function Generator)、四通道示波器(4 Channel Oscilloscape)、波特图仪(Bode Plotter)、IV 分析仪(IV - Analysis)、字信号发生器(Word Generator)、逻辑转换器(Logic Converter)、逻辑分析仪(Logic Analyzer)、Agilent 示波器(Agilent Oscilloscape)、Agilent 万用表(Agilent Multimeter)、频谱分析仪(Spectrum Analyzer)、网络分析仪(Network Analyzer)、泰克示波器(Tektronix Oscilloscape)、电流探测器(Current Probe)、LabVIEW 虚拟仪器(LabVIEW Instrument)、测量探测器(Measurement Probe)。

图 3-18 仪器工具栏

3.2 原理图的绘制

以三极管构成的单管共射极放大电路为例,简要介绍利用 Multisim10 创建电路原理图及仿真的过程。单管共射极放大电路如图 3-19 所示。

该电路是由一个 2SC1815 三极管、六个电阻、一个电位器、三个电解电容、一个 12V 直流电源、一个单刀单掷开关和一个交流信号源组成。利用 Multisim10 软件建立的电子工作平台,可以方便地创建该电路,并进行仿真分析,测试电路的功能。

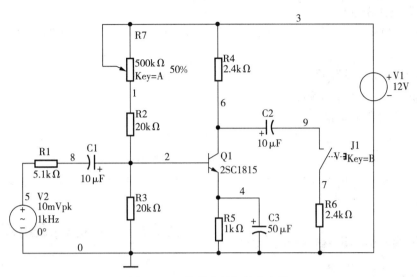

图 3 - 19 单管共射极放大电路

3.2.1 新建电路文件

单击菜单 File→New 命令(或使用 Ctrl＋N 快捷操作),就会打开一个空白的用户界面,并在窗口中自动建立一个名为"Circuitl. ms10"的电路文件,如图 3 - 20 所示。

3.2.2 定制用户界面

Multisim10 为了适应不同用户的需求,允许用户自行设置界面。

(1)设置图纸大小

单击菜单 Options→Sheet Properties(工作表单属性),或在电路的空白处单击鼠标右键,点击 Properties 选项,单击 Workspaces(工作窗口)选项卡,则弹出如图 3 - 21 所示窗口。

① Show 区用于设置电路图栅格、页边缘和标题栏的显示状态。

② Sheetsize 区用于设置图纸大小、图纸方向、图纸的宽度和高度及单位制。

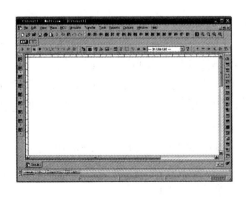

图 3 - 20 新建电路文件窗口

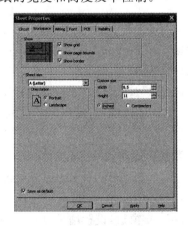

图 3 - 21 Workspaces 设置对话框

（2）设置电路图选项

单击菜单 Options→Sheet Properties，单击 Circuit（电路）选项卡，则弹出如图 3-22 所示窗口。

① Show 区用于设置元件标签、序号、标称值、属性、网络标号等的显示状态。

② Color 区用于设置电路图的颜色。

（3）设置元件符号标准

单击菜单 Options→Global Preferences，单击 Part（部件箱）选项卡，则弹出如图 3-23 所示窗口。在 Symbol standard 区设置元件符号标准，选择不同的符号标准，在元件库中以不同的符号表示。其中 ANSI 为美国标准，DIN 为欧洲标准，由于 DIN 标准比较接近我国国际符号，故选 DIN 标准。

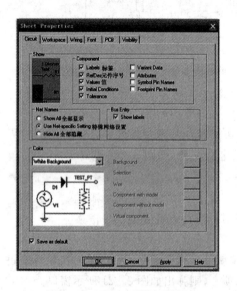

图 3-22 Circuit 设置对话框

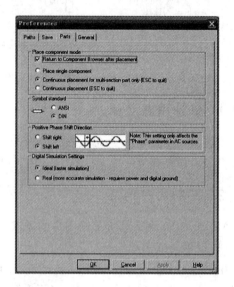

图 3-23 Symbol standard 设置对话框

3.2.3 放置元件

（1）显示 Components 工具条。点击菜单 View→Toolbars→Components 即可。

（2）放置三极管 2SC1815。点击 Components 工具栏中的 Transistor 按钮，在 Family 列表中选择 BJT_NPN，在 Component 列表中选择 2SC1815，单击 OK 按钮即可。

（3）放置电阻 R1～R6。点击 Components 工具栏中的 Basic 按钮，在 Family 列表中选择 RESISTOR，在 Component 列表中选择 5.1kΩ，单击 OK 按钮即可放置 R1，其他电阻放置方法类似。

（4）放置电位器 R7。点击 Components 工具栏中的 Basic 按钮，在 Family 列表中选择 POTENTIOMETER，在 Component 列表中选择 500kΩ，单击 OK 按钮。双击电位器，弹出 Potentiometer 窗口，设置增量（Increment）为 1%，如图 3-24 所示。

（5）放置电解电容 C1～C3。点击 Components 工具栏中的 Basic 按钮，在 Family 列表中选择 CAP_ELECTROLIT，在 Component 列表中选择 10 μF，单击 OK 按钮即可放置 C1，

其他电容放置方法类似。

(6)放置直流电源 V1 和地 GROUND。点击 Components 工具栏中的 Source 按钮,在 Family 列表中选择 POWER_SOURCES,在 Component 列表中选择 DC_POWER,单击 OK 按钮即可放置 V1;在 Component 列表中选择 GROUND,点击 OK 按钮即可放置地,如图 3 - 25 所示。

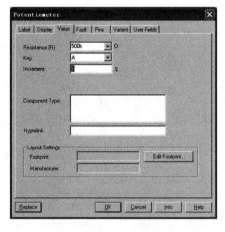

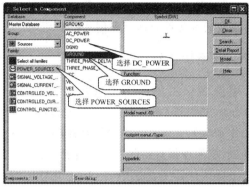

图 3 - 24　电位器设置　　　　　图 3 - 25　选取电源和地

3.2.4　调整元器件布局

(1)选中元件:用鼠标左键单击待选元件;选中多个元件,可在按住 Shift 键的同时,依次单击要选的元件;选中某一区域的元件,可在工作区中拖拽出一个矩形区域,该区内的元件全部被选中。

(2)移动元件:将选中的元件拖至适当位置。

(3)旋转和翻转:选中元件后单击右键,出现快捷菜单,在菜单中单击相应操作即可实现元件水平翻转(Flip Horizontal)、垂直翻转(Flip Vertical)、顺时针旋转 90 度(90 Clockwise)、逆时针旋转 90 度(90 CounterCW)。

(4)复制和删除:可选中元件后单击右键调用快捷菜单,也可用快捷键,如复制单击 Ctrl ＋C 键,删除单击 Delete 键。

3.2.5　连接电路

在 Multisim10 的电路窗口中连接元件非常简捷方便,通常有以下两种类型。

(1)元件与元件的连接。将鼠标箭头指向所要连接元件的引脚上,鼠标会变成一个黑点十字,单击鼠标并移动,就会拖出一条实线,移动到另一个所要连接元件的引脚上时,再次单击鼠标,就会将两个元件的引脚连接起来。

(2)元件与连线的连接。从元件引脚开始,将鼠标箭头指向所要连接元件的引脚上,单击鼠标并移动,移动到所要连接的连线时,再次单击鼠标,就会将元件与连线连接起来。

在连接的过程中,若单击鼠标右键或按 Esc 键,就会中止此次连接。

3.2.6 修改虚拟元器件参数

虚拟元件参数的修改只要用鼠标双击该元件,然后在弹出的属性对话框中进行修改即可。例如:交流信号源默认频率为60Hz、有效值为120V。现要修改为频率为1kHz、有效值为10mV的交流信号源。

双击交流信号源,弹出其属性对话框。在Value选项卡下,通过Voltage栏,设置其有效值为10mV,通过Frequency栏,设置其频率为1kHz,修改后的属性对话框如图3-26所示。

3.2.7 调用和连接仪器

在电路窗口右侧的虚拟仪器工具栏中,Multisim10提供了21种虚拟仪器,可满足虚拟电子工作平台的需要。下面以最常用的双踪示波器为例,说明虚拟仪器的调用和连接方法。

单击虚拟仪器工具栏中的Oscilloscope按钮,鼠标指针处就出现一个示波器的图标,移动鼠标到电路窗口合适的位置,再次单击,就可将虚拟双踪示波器XSC1调出放置在电子平台指定位置。示波器的图标上有4个端子,底部水平位置分别是A、B通道信号输入端,右侧垂直

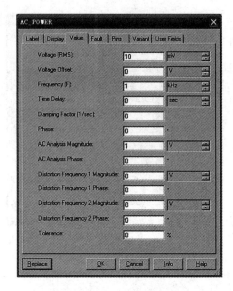

图3-26 AC_POWER属性对话框

方向由上往下分别是接地端和外触发信号输入端。将放大电路输入、输出信号分别连接到示波器的A、B通道,连接后的电路图如图3-27所示。

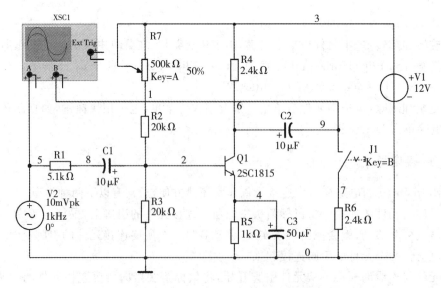

图3-27 连接示波器后的电路图

3.2.8 设置电路节点

电路元件连接时,系统对电路中的每个节点自动分配一个节点号(Net Name)。为了区分电路不同节点的波形或电压,需要设置显示电路各节点号。

点击菜单 Options→Sheet Properties,打开 Sheet Properties 窗口,如图 3-28 所示。在 Circuit 标签下,将 Show 选项组中 Net Names 下 Show All 选中,即可显示电路中所有节点的节点号。

3.2.9 电路仿真

单击"仿真"按钮,双击示波器图标,在示波器的显示屏上就显示出输入、输出信号波形。若显示波形不理想,可分别调整时间刻度、A/B 通道的幅度刻度和垂直偏差,就会显示清晰可辨的波形。调整后的波形如图 3-29 所示。

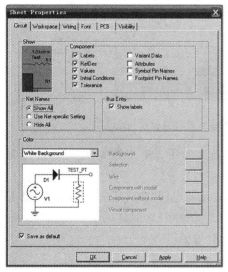

图 3-28 Sheet Properties 设置窗口

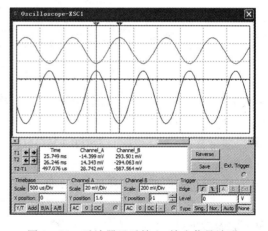

图 3-29 示波器显示输入、输出信号波形

从图 3-29 可看出,处于正常放大状态的三极管放大电路,输出信号与输入信号相位相反,并有一定的电压放大倍数(注意:A、B 两通道的 Y 轴刻度单位不同)。

3.2.10 保存电路文件

编辑完电路图之后,就可以将电路文件存盘。存盘方法与多数 Windows 应用程序相同,第一次保存新创建的电路文件时,弹出"另存为"对话框,默认文件名为"Circuit1. ms10",也可更改文件名和存放路径。

3.3 虚拟仪器及其使用

Multisim10 提供了 21 种在电子线路分析中常用的仪器。这些虚拟仪器的参数设置、使用方法和外观设计与实验室中的真实仪器基本一致。在 Multisim10 中,单击菜单 Simulate

→Instruments 后，就可以使用它们，也可以通过点击仪器工具栏使用它们。

3.3.1 数字万用表（Multimeter）

1. 功能

Multisim 提供的数字万用表可以用来测量交直流电压、交直流电流、电阻和电路中两点之间的分贝（dB）衰减。与真实万用表相比，其优势在于能够自动调节量程。

2. 操作

图 3-30 所示为数字万用表的图标、面板及参数设置对话框。

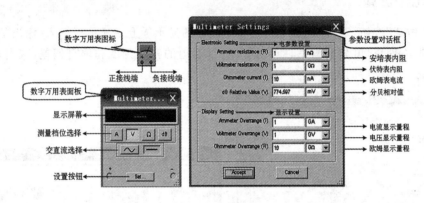

图 3-30　数字万用表图标、面板及参数设置对话框

数字万用表有"＋"、"－"两个接线端，与真实数字万用表基本类似，也是通过这两个端子来连接电路的测试点。

（1）测量选择：选择测量的是电压（V）、电流（A）还是电阻（Ω），其中 dB 表示测量电平值用分贝表示。

（2）交直流选择：若选择测量交流，则测量值为有效值（RMS）。

（3）点击 Set 按钮，弹出数字万用表参数设置对话框，如图 3-30 所示，可根据需要对万用表内部参数进行设置。

3.3.2 函数发生器（Function Generator）

1. 功能

Multisim 提供的函数发生器可以产生正弦波、三角波和方波三种常用波形，其输出信号的频率、幅值、占空比和偏移等参数均可以根据需要进行调节，修改时可直接在面板上设置。

2. 操作

图 3-31 所示为函数发生器的图标、面板及方波上升下降时间设置对话框图。函数发生器有三个输出端："＋"端、Common 端和"－"端，其中"＋"端和"－"端分别产生两路相位相反的输出信号，Common（公共）端为输出信号的参考电位端，通常用来接地。

（1）Waveforms（波形）：用于选择输出正弦波、三角波或方波。

（2）Signal Options（波形参数设置）：Frequency（频率）用于设置输出信号的频率；Duty Cycle（占空比）主要用于三角波和方波的占空比；Amplitude（幅度）用于设置信号波形的峰值电压；Offset（偏置）用于设置叠加在交流信号上的直流分量值的大小；Set Rise/Fall Time

(设置上升/下降时间)用于设置方波上升/下降时间。

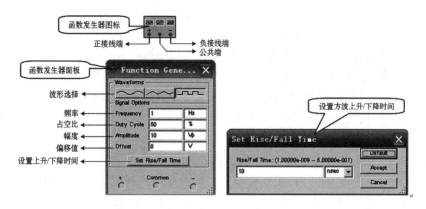

图 3-31 函数发生器图标、面板及方波上升下降时间设置对话框

3.3.3 双通道示波器(Oscilloscope)

1. 功能

Multisim 提供的双通道示波器不仅可以用来显示信号的波形,还可以用来测量信号的频率、幅度和周期等参数。

2. 操作

图 3-32 所示为双通道示波器的图标和面板。双通道示波器有 6 个端子:A 通道的正负端、B 通道的正负端和外触发端的正负端。连接时注意它与实际示波器的不同:

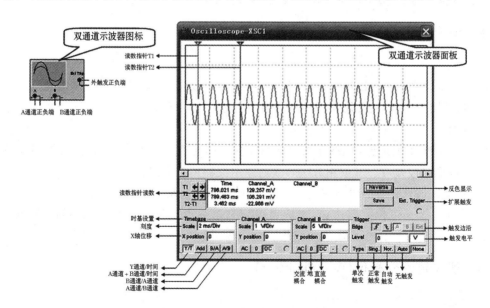

图 3-32 双通道示波器的图标和面板

(1)A、B 两个通道的正端分别只需要一根导线与待测点相连接,测量的是该点与地之间的波形。

(2)若需测量器件两端的信号波形,只需将 A 或 B 通道的正负端与器件两端相连即可。

示波器的控制面板分为 4 个部分：

（1）Timebase（时间基准）区：设置 X 轴方向时间基线的位置和时间刻度值。

Scale（量程）：设置 X 轴方向每一个刻度代表的时间。

X position（X 轴位置）：设置 X 轴方向时间基线的起始位置。

显示方式设置有四种：Y/T 方式指的是 X 轴显示时间，Y 轴显示 A、B 通道的电压值；Add 方式指的是 X 轴显示时间，Y 轴显示 A 通道和 B 通道电压之和；B/A 方式指将 A 通道信号作为 X 轴扫描信号，B 通道信号施加于 Y 轴上；A/B 方式指将 B 通道信号作为 X 轴扫描信号，A 通道信号施加于 Y 轴上。

（2）Channel A（通道 A）区：设置 Y 轴方向 A 通道输入信号标度。

Scale（量程）：设置 Y 轴方向，A 通道输入信号的每格所代表的电压数值。

Y position（Y 轴位置）：时间基线在显示屏幕中的上下位置。当值大于零时，时间基线在屏幕中线的上侧，否则在屏幕中线的下侧。

触发耦合方式：AC（交流耦合）、0（0 耦合）或 DC（直流耦合），交流耦合只显示交流分量，直流耦合则交直流分量全部显示，0 耦合代表输入信号对地短接。

（3）Channel B（通道 B）区：设置 Y 轴方向 B 通道输入信号标度。其设置与 Channel A 相同。

（4）Tigger（触发）区：设置示波器触发方式。

Edge（边沿）：设置输入信号的上升沿或下降沿作为触发信号。Level（电平）：设置触发信号的电平大小。触发信号选择：Sing 为单脉冲触发；Nor 为一般脉冲触发；Auto 表示触发信号来自外部信号，一般情况下使用该方式；None 表示无触发。

3.3.4 四通道示波器（4 Channel Oscilloscope）

1. 功能

四通道示波器不仅可以用来同时显示四路信号的波形，而且还可以用来测量信号的频率、幅度和周期等参数，主要用来同时观测多路信号。

2. 操作

图 3-33 所示为四通道示波器的图标和面板。四通道示波器有 6 个端子：A、B、C 和 D 及接地端 G 和触发端 T。其使用方法和双通道示波器稍有不同：

（1）每个通道只有一根线与被测点相连，测的是该点与地之间的波形。

（2）多了一个通道控制器旋钮，当旋钮拨到某个通道位置，才能对该通道的 Y 轴进行调整。

3.3.5 伏安特性分析仪（IV-Analyzer）

1. 功能

伏安特性分析仪主要用来测量单个晶体管的伏安特性曲线，可测的晶体管包括二极管、双极性晶体管和场效应管，类似于晶体管特性测试仪。

注意：伏安特性分析仪只能测量未连接在电路中的单个元件，所以测量前，应先将待测元件从电路中断开。

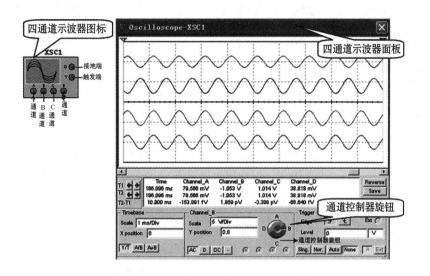

图 3-33 四通道示波器的图标和面板

2. 操作

图 3-34 所示为伏安特性分析仪的图标和面板。它有 3 个接线端,这 3 个接线端与所选的晶体管的类型有关。

该仪器面板由显示区、晶体管类型选择、电流显示范围、电压显示范围以及晶体管符号和连接方法 5 个部分组成,具体如下:

(1)Components:用于选择晶体管类型。

(2)Current Range(A):用于改变图形显示区的电流显示范围。F 区设置电流终止值及其单位;I 区设置电流初始值及其单位;Log 按钮设置对数刻度坐标;Lin 按钮设置线性刻度坐标。

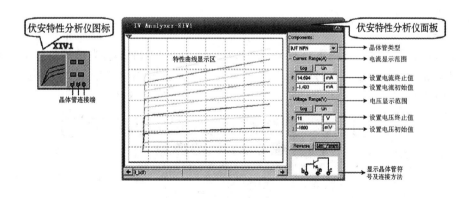

图 3-34 伏安特性分析仪的图标和面板

(3)Voltage Range(V):用于改变图形显示区的电压显示范围。其设置与电流范围设置类似。

(4)Reverse 按钮:单击,可改变显示区域的背景颜色。

113

（5）Sim_Param：单击，可弹出参数设置对话框，该对话框与所选的晶体管类型有关。

3.3.6　波特图仪（Bode Plotter）

1. 功能

利用波特图仪可以方便地测量和显示电路的频率响应，波特图仪适合于分析滤波电路或电路的频率特性，特别易于观察截止频率。

2. 操作

图3-35所示为波特图仪的图标和面板。该图标左侧为一对正负输入端，与被测电路输入端并联；右侧为一对正负输出端，与被测电路输出端并联。

波特图仪控制面板分为Magnitude（幅值）或Phase（相位）的选择、Horizontal（横轴）设置、Vertical（纵轴）设置、显示方式的其他控制信号。在波特图仪的面板上，可以直接设置横轴和纵轴的坐标及其参数。

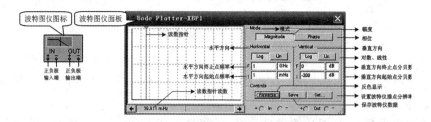

图3-35　波特图仪的图标和面板

3.3.7　频率计（Frequency Counter）

1. 功能

频率计主要用来测量信号的频率和周期，还可以测量脉冲信号的特性，如脉冲宽度、上升沿和下降沿时间。

2. 操作

图3-36所示为频率计的图标和面板。该图标只有一个接线端，为被测信号的输入端。使用过程中应注意根据输入信号的幅值调整频率计的Sensitivity（灵敏度）和Trigger Level（触发电平）。

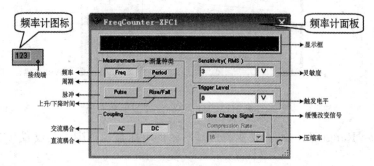

图3-36　频率计的图标和面板

3.3.8 字信号发生器(Word Generator)

1.功能

字信号发生器是一个能够产生32路(位)同步逻辑信号的多路逻辑信号源,可用于数字逻辑电路的测试,也称为数字逻辑信号源。

2.操作

图3-37所示为字信号发生器的图标和面板。该图标左右两边各有16个端子,这32个端子是该仪器产生信号的输出端。下面还有R和T两个端子,其中R端子为数据准备好信号(Ready)输出端,T端子为外部触发信号(Trigger)输入端。该仪器面板左侧是控制面板,右侧是字符窗口。控制面板分为Controls(控制方式)、Display(显示方式)、Trigger(触发)、Frequency(频率)等几个部分。

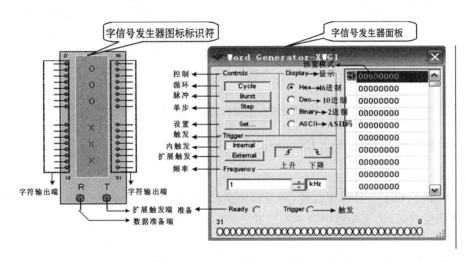

图3-37 字信号发生器的图标和面板

字符发生器设置对话框如图3-38所示。

3.3.9 逻辑分析仪(Logic Analyzer)

1.功能

逻辑分析仪广泛用于数字电子系统的调试、故障查找、性能分析等,是数字电子系统设计中对数

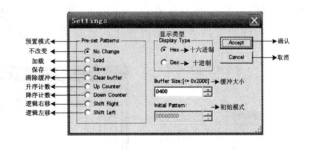

图3-38 字符发生器设置对话框

据域进行分析所必备的测量仪器。Multisim提供了16通道虚拟逻辑分析仪,其操作和使用与真实仪器类似。

2.操作

图3-39所示为逻辑分析仪的图标和面板及时钟、触发设置图。该图标左侧由上而下的16个端子为输入信号端子,图标下方有3个端子:C为扩展时钟输入端,Q为时钟限制输

入端,T 为触发限制输入端。

仪器面板分上下两个部分,上半部分是显示窗口,下半部分是逻辑分析仪的控制窗口,控制信号有:Stop(停止)、Reset(复位)、Reverse(反相显示)、Clock(时钟)设置和 Trigger(触发)设置。

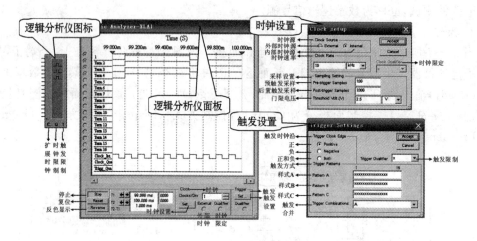

图 3-39 逻辑分析仪的图标、面板及时钟、触发设置

3.3.10 逻辑转换器(Logic Converter)

1. 功能

Multisim 提供了一种虚拟仪器,即逻辑转换器,在实际中没有这种仪器。逻辑转换器可以实现逻辑电路、真值表和逻辑表达式三者之间的相互转换。

2. 操作

图 3-40 所示为逻辑转换器的图标和面板。该仪器图标左侧 8 个端子用来连接逻辑电路的输入端,而右侧的那个端子用来连接电路的输出端。面板右侧由上而下 6 种转换功能依次是:逻辑电路转换为真值表、真值表转换为逻辑表达式、真值表转换为最简逻辑表达式、逻辑表达式转换为真值表、逻辑表达式转换为逻辑电路、逻辑表达式转换为与非门电路。

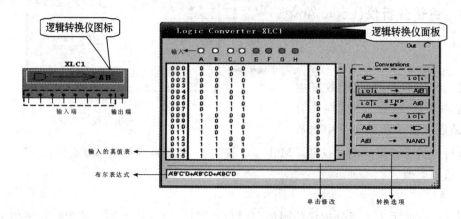

图 3-40 逻辑转换器的图标和面板

第4章　模拟电子技术仿真实验

4.1　测量晶体管输出特性

【实验目的】

1. 熟悉在电子仿真软件 Multisim 平台上进行模拟电路虚拟仿真实验的方法。
2. 熟悉 Multisim 中晶体管的使用方法。
3. 了解 Multisim 中虚拟仪器伏安特性分析仪(IV 分析仪)的使用方法。
4. 了解 Multisim 中晶体管输出特性的测量方法。

【实验内容】

(1)创建电路

① 打开 Components 工具条。点击 View 菜单,选中 Toolbars,在弹出的菜单中选中 Components 选项,打开的 Components 工具条如图 4－1 所示。

图 4－1　Components 工具条

② 放置三极管 2SC1815。单击 Components 工具栏中的 Transistor 按钮,弹出 Select a Component 窗口,如图 4－2 所示。在 Family 列表中选择 BJT_NPN,在 Component 列表中选择 2SC1815,单击 OK 按钮。

③ 放置 IV 分析仪器 XIV1。点击 View 菜单,选中 Toolbars,在弹出的菜单中选中 Instruments 选项,打开的虚拟仪器(Instruments)工具条如图 4－3 所示。选中 IV 分析仪器,放置于电路中。

④连接仿真电路,如图 4－4 所示。

(2)仿真测试

① 双击 IV 分析仪 XIV1 图标,打开其显示面板,如图 4－5 所示。在 Components 栏中选中 BJTNPN;点击右下角 Sim_Param 按钮,弹出 Simulate Parameters 窗口,按照图 4－6 所示进行设置,然后单击 OK 按钮退出。

② 闭合仿真开关。

③ 观察 IV 分析仪显示的三极管输出特性曲线。

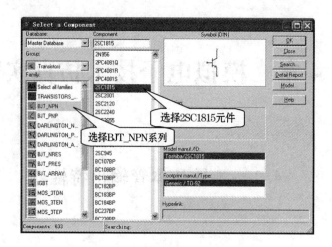

图 4 - 2　选取三极管

图 4 - 3　Instruments 工具条

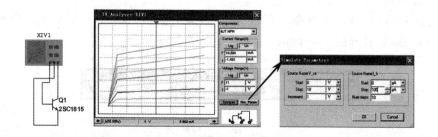

图 4 - 4　测量电路　图 4 - 5　三极管输出特性曲线　图 4 - 6　Simulate Parameters 窗口

（3）思考与练习

如何用 IV 分析仪测量二极管和 PMOS（或 NMOS）管特性曲线？

4.2　单管共射极放大电路仿真实验

【实验目的】

1. 熟悉在 Multisim 平台上进行模拟电路虚拟仿真实验的方法。

2. 熟悉 Multisim 中电阻、电容、电位器等器件的使用方法。

3. 熟悉 Multisim 中示波器、波特图仪等虚拟仪器的使用方法。

4. 了解 Multisim 仿真分析方法中的直流工作点分析法和交流分析法。

5. 熟悉单管共射放大电路静态工作点的设置方法。

6. 掌握单管共射放大电路的电压放大倍数、输入电阻和输出电阻的测量方法。

【实验内容】

1. 设置静态工作点

(1)创建电路

① 打开 Components 工具条。点击 View 菜单,选中 Toolbars,在弹出的菜单中选中 Components 选项,打开的 Components 工具条。

② 放置三极管 2SC1815。单击 Components 工具栏中的 Transistor 按钮,在 Family 列表中选择 BJT_NPN,在 Component 列表中选择 2SC1815,单击 OK 按钮即可放置 2SC1815。

③ 放置电阻 R1~R6。单击 Components 工具栏中的 Basic 按钮,在 Family 列表中选择 RESISTOR,在 Component 列表中选择 5.1kΩ,单击 OK 按钮即可放置 R1,其他电阻放置方法类似。

④ 放置电位器 R7。单击 Components 工具栏中的 Basic 按钮,在 Family 列表中选择 POTENTIOMETER,在 Component 列表中选择 500kΩ,单击 OK 按钮。双击电位器,弹出 Potentiometer 窗口,设置增量(Increment)为 1%,如图 4-7 所示。

⑤ 放置电解电容 C1~C3。单击 Components 工具栏中的 Basic 按钮,在 Family 列表中选择 CAP_ELECTROLIT,在 Component 列表中选择 10 μF,单击 OK 按钮即可放置 C1,其他电容放置方法类似。

⑥ 放置直流电源 V1 和地 GROUND。单击 Components 工具栏中的 Source 按钮,在 Family 列表中选择 POWER_SOURCES,在 Component 列表中选择 DC_POWER,单击 OK 按钮即可放置 V1;在 Component 列表中选择 GROUND,点击 OK 按钮即可放置地,如图 4-8 所示。

图 4-7 电位器设置

图 4-8 选取电源和地

⑦ 放置电流表 U1、U2 和电压表 U3。单击 Components 工具栏中的 Indicator 按钮,在 Family 列表中选择 AMMETER,在 Component 列表中选择 AMMETER_H,单击 OK 按钮即可放置电流表 U1,如图 4-9 所示;在 Component 列表中选择 AMMETER_V,单击 OK 按钮即可放置电流表 U2;在 Family 列表中选择 VOLTMETER,在 Component 列表中选择 VOLTMETER_V,单击 OK 按钮即可放置电压表 U3。

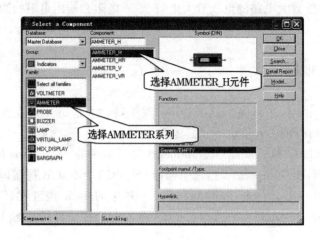

图 4-9　选取电流表 U1

⑧ 连接仿真电路，如图 4-10 所示。

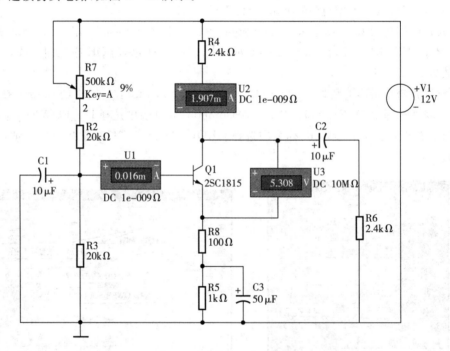

图 4-10　静态工作点测量

（2）仿真测试

① 电流表 A1 和 A2 分别测量电流 I_B 和 I_C，电压表 U3 测量电压 U_{CE}。

② 闭合仿真开关。

③ 调节电位器 R7，使 I_C 为 2mA 左右，此时，R7 的百分比为 9%（即电位器滑动端下方阻值为 45kΩ），电流表和电压表显示的数值即为放大电路的静态工作点，即 $I_B=0.016$mA，$I_C=1.907$mA，$U_{CE}=5.328$V。

【备注】电位器旁边显示的数值表示两个固定端之间的阻值，百分比表示滑动端下方占总阻值的百分比,电位器滑动端通过"Key＝"后面的键控制。当 Key＝A 时,按 A 键,可使电位器阻值百分比增大;按 Shift＋A 键,可使电位器阻值百分比减少。

(3)思考与练习

如何用万用表(Multimeter)或测量笔(Measurement Probe)测量静态工作点?

【备注】对静态工作点的测量,还可以采用 Multisim 的直流工作点分析法(DC Operating Point Analysis)。直流工作点分析法假设条件是:无交流输入、电容开路、电感短路、数字器件作为大电阻接地处理。操作方法是:

① 点击菜单 Options→Sheet Properties,打开 Sheet Properties 窗口,如图 4－11 所示。在 Circuit 标签下,将 Show 选项组中 Net Names 下 Show All 选中,显示电路所有节点号。

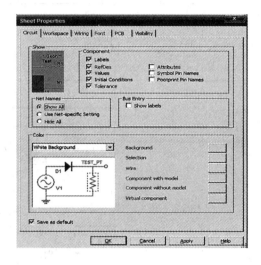

图 4－11　Sheet Properties 设置窗口

② 点击菜单 Simulate→Analysis→DC Operating Point Analysis,打开 DC Operating Point Analysis 窗口,如图 4－12 所示。

③ 点击 Output 标签,设置测试节点为节点 1、7 和 9(节点如图 4－10 所示)。

④ 点击 Simulate 按钮,得到如图 4－13 所示的分析结果,分别显示节点 1、7 和 9 的电压值,即三极管 Q1 的 B、C 和 E 极的电压值,结果和用电压表、电流表测得的结果吻合。

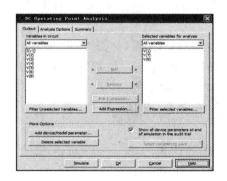

图 4－12　DC Operating Point Analysis 设置窗口　　4－13　DC Operating Point Analysis 分析结果

2. 测量电压放大倍数

(1)创建电路

① 放置函数信号发生器 XFG1,接到电路输入端。

② 放置示波器 XSC1,其两通道分别接到电路输入端和电路输出端。

③ 放置万用表 XMM1 和 XMM2,分别测量 u_o 和 u_i 的有效值。

④ 放置开关 J1,依次点击(Group)Basic→(Family)SWITCH→(Component)SPST。

⑤ 创建电路,如图 4-14 所示。

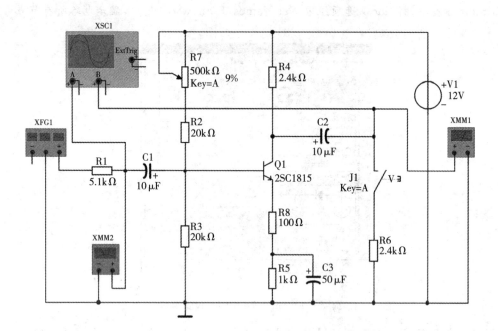

图 4-14 电压放大倍数和输入输出电阻测量电路

(2)仿真测试

① 保持电位器 R7 的百分比为 9％,J1 断开。

② 闭合仿真开关。

③ 设置函数信号发生器 XFG1,使其输出 $f_i = 1\text{kHz}$、$u_s = 25\text{mV}_p$ 的正弦波,万用表 XMM2 显示 $U_i = 10\text{mV}$。

④ 打开示波器窗口,观察 u_i 和 u_o 波形的大小和相位关系,如图 4-15 所示。在输出电压 u_o 不失真的情况下,读出万用表 XMM2 和 XMM1 测量的 u_i 和 u_o 的有效值 U_i 和 U_o,计算电压放大倍数 $A_u = U_o/U_i$。

⑤ 闭合 J1,再次观察 u_i 和 u_o 波形的大小和相位关系,读出 U_i 和 U_o,计算电压放大倍数,由此理解负载对电压放大倍数的影响。

【备注】还可利用示波器的读数指针 T1 和 T2 的位置,如图 4-10 所示,读出 u_i 和 u_o 的峰峰值 U_{ipp} 和 U_{opp},计算电压放大倍数。

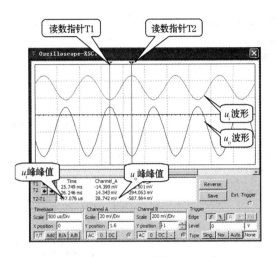

图 4-15 输入、输出电压波形

3. 测量输入电阻和输出电阻

(1)创建电路

其电路如图 4-14 所示。

(2)仿真测试

① 保持 $f_i=1$kHz，$u_s=25$mV$_p$，R7 的百分比为 9%。

② 闭合仿真开关。

③ 打开示波器窗口，在输出电压 u_o 不失真的情况下，读出万用表 XMM2 测量的 u_i 有效值 U_i，再根据信号源有效值 U_s，即可计算出输入电阻

$$R_i=\frac{U_i}{U_s-U_i}R_1$$

④ 分别在断开和闭合 J1 两种情况下，读出万用表 XMM1 测量的 u_o 有效值 U_{o1} 和 U_{o2}，即可计算出输出电阻

$$R_o=(\frac{U_{o1}}{U_{o2}}-1)R_6$$

4. 观察静态工作点对输出波形失真的影响

(1)创建电路

其电路如图 4-16 所示。

(2)仿真测试

① 保持 $f_i=1$kHz，$u_S=25$mV$_p$，R7 的百分比为 9%，J1 断开。

② 闭合仿真开关。

③ 打开示波器窗口，逐渐加大 u_i，使 u_o 最大但不失真，此时 $u_S=160$mV$_p$。

④ 保持 $u_S=160$mV$_p$ 不变，调节 R7 的百分比为 4%，可观察到 u_o 的负半周被削底，出现饱和失真，如图 4-17a 所示。

⑤ 保持 $u_S=160$mV$_p$ 不变，调节 R7 的百分比为 25%，可观察到 u_o 的正半周被缩顶，出现截止失真，如图 4-17b 所示。

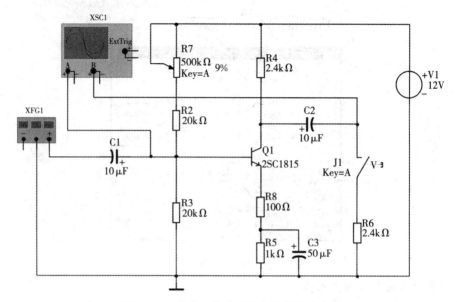

图 4-16　静态工作点对输出波形影响电路

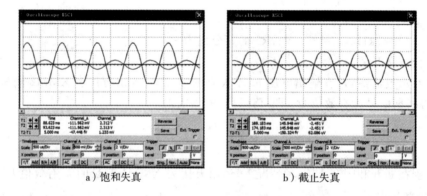

a）饱和失真　　　　　　　　b）截止失真

图 4-17　静态工作点对输出波形失真的影响

5．测量频率特性

（1）创建电路

放置波特图仪 XBP1，创建电路，如图 4-18 所示。

（2）仿真测试

① 保持 $f_i=1kHz,u_S=25mV_p$，R7 的百分比为 9%，J1 闭合。

② 闭合仿真开关。

③ 打开波特图仪窗口，参数设置如图 4-19 所示，观察幅频特性曲线图（如图 4-19a 所示）和相频特性曲线图（如图 4-19b 所示）。由幅频特性曲线，可测量出中频段的电路增益，以及电路的上限、下限频率。

（3）思考与练习

如何根据幅频特性曲线，测量电路的上限频率和下限频率，计算电路的通频带？

【备注】测量放大电路的频率特性，还可采用 Multisim 提供的交流分析法（AC Analysis），操作方法是：

124

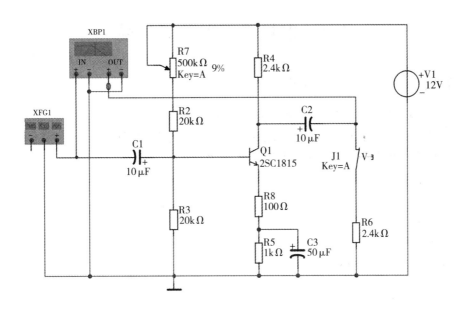

图 4-18　用波特图仪测量频率特性电路

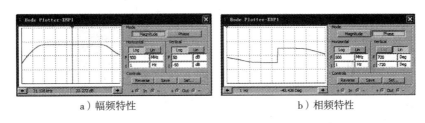

a）幅频特性　　　　　　　　　　　　　b）相频特性

图 4-19　放大电路的频率响应

①　点击菜单 Options→Sheet Properties，打开 Sheet Properties 窗口，在 Circuit 标签下，将 Show 选项组中 Net Names 下 Show All 选中，显示电路所有节点号。

②　点击菜单 Simulate→Analysis→AC Analysis，打开 AC Analysis 窗口，如图 4-20 所示。

③　在 Frequency Parameters 标签下，设定相关参数，如图 4-20 所示。

④　点击 Output 标签，设置测试节点为节点 6。

⑤　点击 Simulate 按钮，则显示幅频特性曲线和相频特性曲线，如图 4-21 所示，结果和用波特图仪测得结果吻合。

图 4-20　AC Analysis 设置窗口

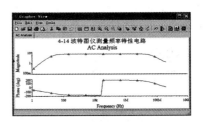

图 4-21　AC Analysis 的幅频特性和相频特性

125

4.3 射极跟随器仿真实验

【实验目的】

1. 熟悉射极跟随器静态工作点的设置及测量方法。
2. 掌握射极跟随器电压放大倍数、输入电阻和输出电阻的测量方法。
3. 理解射极跟随器的电压跟随特性。

【实验内容】

1. 设置静态工作点

（1）创建电路

其电路如图 4-22 所示。

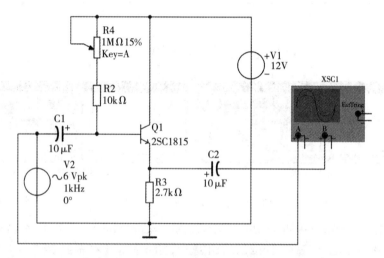

图 4-22 调试静态工作点电路

（2）仿真测试

① 在输入端加入频率为 1kHz 的正弦信号 u_i。

② 闭合仿真开关。

③ 反复调节电位器 R4 的百分比及 u_i 幅值，同时观察示波器显示 u_o 波形。

④ 当 R4 的百分比为 15%、u_i 为 $6V_p$ 时，u_o 幅值最大且不失真。

⑤ 保持 R4 的百分比为 15%，令 u_i 接地，添加直流电压表 U1、U2、U3，分别测量三极管各电极电压，如图 4-23 所示。

⑥ 直流电压表显示的数值为放大电路的静态工作点，即 $U_B = 8.115V$，$U_E = 7.628V$，$U_C = 12V$。

2. 测量电压放大倍数

（1）创建电路

其电路如图 4-24 所示。

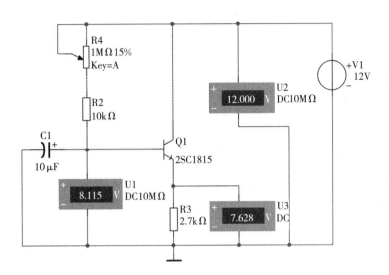

图 4 - 23 测量静态工作点电路

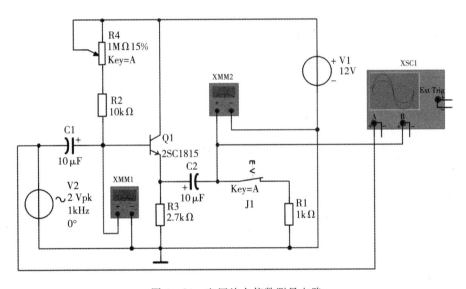

图 4 - 24 电压放大倍数测量电路

(2)仿真测试

① 保持电位器 R4 的百分比为 15%，J1 闭合，在输入端加频率为 1kHz 的正弦信号 u_i。

② 闭合仿真开关。

③ 调节 u_i 幅值，同时观察示波器显示的 u_o 波形。

④当 u_i 为 $2V_P$ 时，u_o 幅值最大且不失真，读出此时万用表 XMM1 和 XMM2 测量的 u_i 和 u_o 的有效值 U_i 和 U_o。

⑤ 计算电压放大倍数 $A_u = U_o/U_i$。

（3）思考与练习

① 如何通过示波器或者交流电压表测量 u_i 和 u_o 的有效值,从而计算电压放大倍数?

② 如何测量该电路的输入电阻 R_i 和输出电阻 R_o?

3. 测试跟随特性

（1）创建电路

其电路如图 4-24 所示。

（2）仿真测试

① 保持电位器 R4 的百分比为 15%,J1 闭合,在输入端加频率为 1kHz 的正弦信号 u_i。

② 闭合仿真开关。

③ 分别测量当 u_i 为 $0.5V_P$、$1V_P$、$1.5V_P$、$2V_P$,且 u_o 最大不失真时 U_i 和 U_o 的值,从而理解电压跟随特性。

4. 测试频率响应特性

（1）创建电路

其电路如图 4-25 所示。

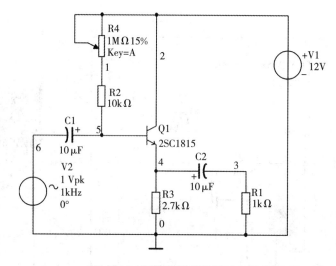

图 4-25　频率响应特性测试电路

（2）仿真测试

采用交流分析法（AC Analysis)测量电路的频率响应特性,方法是:

① 点击菜单 Options→Sheet Properties,打开 Sheet Properties 窗口,在 Circuit 标签下,将 Show 选项组中 Net Names 下 Show All 选中,显示电路所有节点号。

② 点击菜单 Simulate→Analysis→AC Analysis,打开 AC Analysis 窗口,如图 4-26 所示。

③ 在 Frequency Parameters 标签下,设定相关参数。

④ 点击 Output 标签,设置测试节点为节点 3。

⑤ 点击 Simulate 按钮,测得幅频特性曲线和相频特性曲线,如图 4-27 所示。

图 4-26 AC Analysis 设置窗口

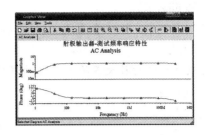

图 4-27 AC Analysis 的幅频特性和相频特性

4.4 负反馈放大器仿真实验

【实验目的】

1. 掌握用 Multisim 对负反馈放大器进行仿真分析。
2. 理解负反馈对放大器性能的影响。
3. 掌握负反馈放大器的测试方法。

【实验内容】

1. 测量静态工作点

(1)创建电路

其电路如图 4-28 所示。

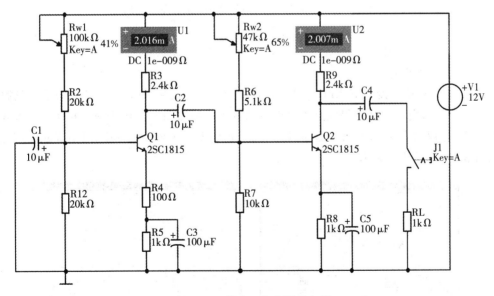

图 4-28 静态工作点测量电路

(2)仿真测试

① 闭合仿真开关。

② 调节电位器 Rw1 和 Rw2 的百分比,使 I_{C1} 和 I_{C2} 约为 2mA,此时 Rw1 和 Rw2 的百分

比为 41％和 65％。

③ 放置直流电压表或者万用表，分别测量三极管 Q1 和 Q2 的各极电位，即两级放大电路的静态工作点。

2. 观测负反馈对放大器输出波形的影响，并测量电压放大倍数及输入、输出电阻

（1）创建电路

其电路如图 4-29 所示。

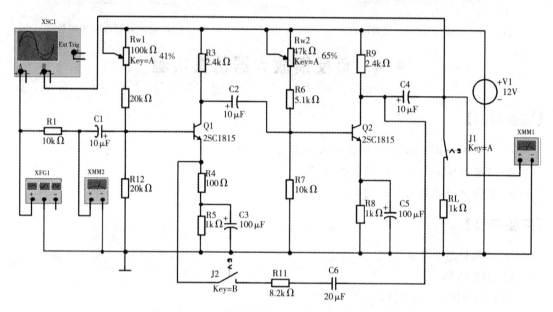

图 4-29　电压放大倍数和输入输出电阻测量电路

（2）仿真测试

① 保持 Rw1 和 Rw2 的百分比为 41％和 65％，J1 闭合。

② 闭合仿真开关。

③ 设置函数信号发生器 XFG1，使其输出 $f_i=1\text{kHz}$、$u_s=7\text{mV}_P$（$u_s=5\text{mV}$）的正弦波。

④ 断开 J2，由示波器测得电路无反馈时的输出波形如图 4-30a 所示，由万用表 XMM1 和 XMM2 分别测得 u_i 和 u_o 的有效值 U_i 和 U_o，此时 U_o 为 722.625mV，计算无反馈时电压放大倍数 A_u 和输入电阻 R_i。

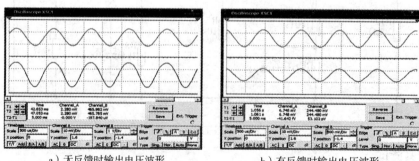

a）无反馈时输出电压波形　　　　b）有反馈时输出电压波形

图 4-30　u_s 为 7mV$_P$ 时的输出电压波形

⑤ 闭合 J2,由示波器测得电路有反馈时的输出波形如图 4-30b 所示,由万用表 XMM1 和 XMM2 分别测得 u_i 和 u_o 的有效值 U_{if} 和 U_{of},此时 U_{of} 为 182.394mV,计算有反馈时电压放大倍数 A_{uf} 和输入电阻 R_{if},并与 A_u 和 R_i 比较,理解负反馈对电路电压放大倍数及输入电阻的影响。

⑥ 断开 J1,使电路空载,由万用表 XMM2 分别测量当 J2 断开、闭合时的空载输出电压 U_o 和 U_{of},分别计算电路输出电阻 R_o 和 R_{of},比较理解负反馈对电路输出电阻的影响。

3. 观测负反馈对放大器输出波形非线性失真的影响

(1)创建电路

其电路如图 4-29 所示。

(2)仿真测试

① 保持 R_{w1} 和 R_{w2} 的百分比为 41% 和 65%,J1 闭合。

② 闭合仿真开关。

③ 设置函数信号发生器 XFG1,使其输出 f_i=1kHz、u_s=20mV$_p$(u_s=14mV)的正弦波。

④ 断开 J2,得到无负反馈时的输出波形,如图 4-31a 所示,幅度大但失真明显。

⑤ 闭合 J2,测得有负反馈时的输出波形,如图 4-31b 所示,幅度变小但失真消失。由此理解负反馈对于改善输出波形非线性失真的作用。

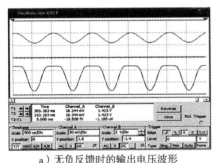 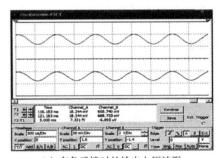

a)无负反馈时的输出电压波形   b)有负反馈时的输出电压波形

图 4-31 u_s 为 20mV$_p$ 时的输出电压波形

4. 观测负反馈对放大器通频带的影响

(1)创建电路

其电路如图 4-29 所示。

(2)仿真测试(采用交流分析法 AC Analysis)

① 保持 R_{w1} 和 R_{w2} 的百分比为 41% 和 65%,J1 闭合。

② 点击菜单 Options→Sheet Properties,在 Circuit 标签下,将 Show 选项组中 Net Names 下 Show All 选中,显示电路所有节点号。

③ 点击菜单 Simulate → Analysis → AC Analysis,打开 AC Analysis 窗口。在 Frequency Parameters 标签下,采用默认设置;在 Output 标签,设置测试节点为电路输出电压节点。

④ 断开 J2,点击 Simulate 按钮,则显示无负反馈时的幅频特性曲线和相频特性曲线,如图 4-32a 所示。

⑤ 闭合 J2,点击 Simulate 按钮,则显示有负反馈时的幅频特性曲线和相频特性曲线,如

图 4-32b 所示。对比理解，引入负反馈后，电压放大倍数明显减小，但通频带变宽了。

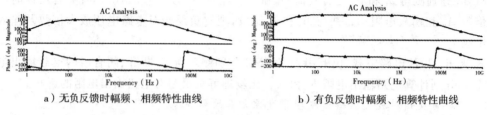

a）无负反馈时幅频、相频特性曲线　　　　　b）有负反馈时幅频、相频特性曲线

图 4-32　负反馈对放大器通频带的影响

4.5　差动放大器仿真实验

【实验目的】

1. 掌握用 Multisim 对差动放大器进行仿真分析的方法。
2. 掌握差分放大器静态工作点的设置和测量方法。
3. 掌握差分放大器差模电压放大倍数 A_d、共模电压放大倍数 A_c 的测量方法。
4. 掌握差分放大器共模抑制比 K_{CMR} 的计算方法。

【实验内容】

1. 测量静态工作点

（1）创建电路

静态工作点测量电路如图 4-33 所示。

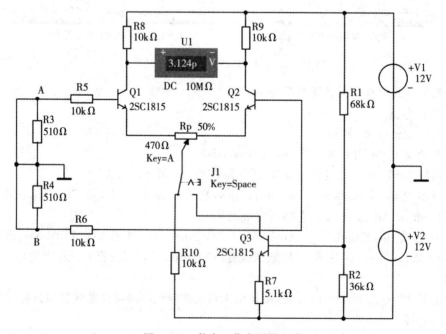

图 4-33　静态工作点测量电路

（2）仿真测试

① J1 拨向左边，闭合仿真开关。

② 调节电位器 R_P，使直流电压表 U1 显示的输出电压为 0，此时 R_P 的百分比为 50％，U1 显示输出电压为 3.124pV，约等于 0V。

③ 放置直流电压表或者万用表，分别测量三极管 Q1 和 Q2 的各极电位，即差动放大器的静态工作点，再测量射极电阻 R10 两端电压 U_{R10}。

2. 测量差模电压放大倍数 A_d

（1）创建电路

将函数发生器 XFG1 的"＋"端接 A 端，COM 端接地，B 端接地，构成单端输入的差模输入方式，如图 4-34 所示。

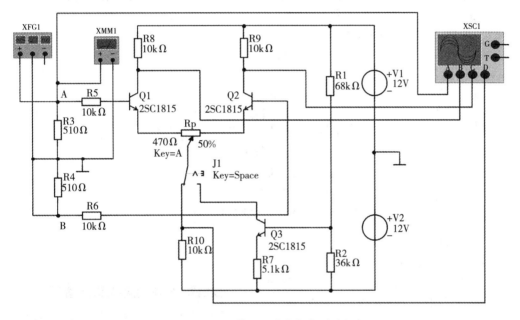

图 4-34 差模电压放大倍数测量电路

（2）仿真测试

① J1 拨向左边，保持 R_P 的百分比为 50％。

② 设置函数发生器 XFG1，使其输出 f_i＝1kHz、u_i＝140mV$_p$（U_i约为 100mV）的正弦波。

③ 闭合仿真开关。

④ 观察四通道示波器 XSC1 中 u_i、u_{c1}、u_{c2}、u_{R10} 的波形，如图 4-35 所示，注意 u_i 与 u_{c1}、u_{c2} 之间的相位关系及 U_{R10} 随 U_i 改变而变化的情况。

⑤ 在输出波形无失真的情况下，用万用表测量 U_i、U_{c1}、U_{c2}，计算差模电压放大倍数 A_d。

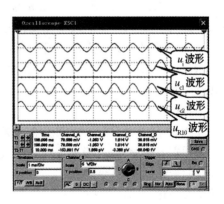

图 4-35 差模输入差动放大器的电压波形

3. 测量共模电压放大倍数 A_c

（1）创建电路

将 A、B 短接，函数发生器 XFG1 的"＋"端接 A 端，COM 端接地，构成共模输入方式，如图 4-36 所示。

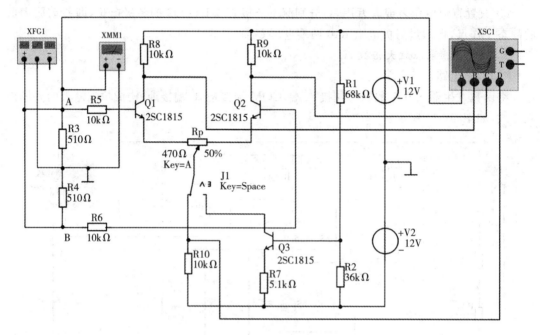

图 4-36 共模电压放大倍数测量电路

（2）仿真测试

① J1 拨向左边，保持 R_P 的百分比为 50％。

② 设置函数信号发生器 XFG1，使其输出 f_i =1kHz、u_i=1.414V_p（U_i≈1V）正弦波。

③ 闭合仿真开关。

④ 观察四通道示波器 XSC1 中 u_i、u_{c1}、u_{c2}、u_{R10} 的波形，如图 4-37 所示，注意 u_i 与 u_{c1}、u_{c2} 之间的相位关系及 U_{R10} 随 U_i 改变而变化的情况。

⑤ 在输出波形无失真的情况下，用万用表测量 U_i、U_{c1}、U_{c2}，计算共模电压放大倍数 A_c，并计算共模抑制比 K_{CMR}。

（3）思考与练习

J1 拨向右边，构成具有恒流源的差动放大

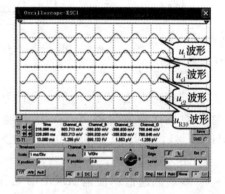

图 4-37 共模输入差动放大器的电压波形

器。分别在差模输入、共模输入两种输入方式下，观察 u_i 与 u_{c1}、u_{c2} 之间的相位关系及 U_{R10} 随 U_i 改变而变化的情况，并测量 U_i、U_{c1}、U_{c2}，计算差模电压放大倍数 A_d、共模电压放大倍数 A_c 和共模抑制比 K_{CMR}。

4.6　模拟运算电路仿真实验

【实验目的】

1. 掌握在 Multisim 平台上进行集成运算放大器仿真实验的方法。
2. 掌握用集成运算放大器组成比例、加法、减法和积分电路的方法。

【实验内容】

1. 反相比例运算电路

（1）创建电路

① 放置集成运算放大器 741，依次点击（Group）Analog → （Family）OPAMP → （Component）741。

② 放置直流电压源 V1 和 V2，并设置电压为 12V。

③ 放置交流电压源 V3，并设置频率为 100Hz，有效值为 0.5V。

④ 放置交流电压表 U2，并设置模式（Mode）为 AC。

⑤ 放置三个电阻 R1、R2 和 R3 及地 GROUND。

⑥ 放置双通道示波器 XSC1。

⑦ 连接仿真电路，如图 4-38 所示。

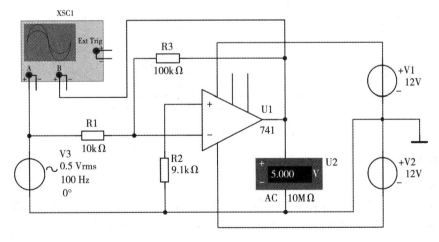

图 4-38　反相比例运算电路

（2）仿真测试

① 闭合仿真开关。

② 观察交流电压表 U2，显示输出电压有效值为 5V，打开示波器窗口，如图 4-39 所示，观察 u_I 和 u_o 波形，由大小和相位关系，可得出 $u_o = -10u_I$，与理论值相符。

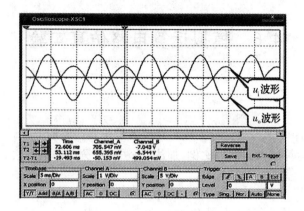

图 4-39　反相比例运算电路仿真波形

2. 同相比例运算电路

（1）创建电路

其电路如图 4-40 所示。

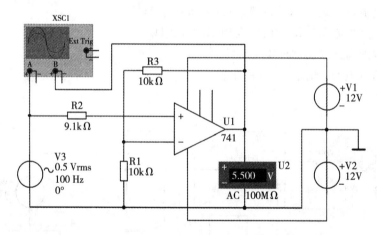

图 4-40　同相比例运算电路

（2）仿真测试

① 闭合仿真开关。

② 观察交流电压表 U2，显示输出电压有效值为 5.5V，打开示波器窗口，如图 4-41 所示，观察 u_I 和 u_o 波形，由大小和相位关系，可得出 $u_o = 11u_I$，与理论值相符。

3. 反相加法运算电路

（1）创建电路

其电路如图 4-42 所示。

（2）仿真测试

① 闭合仿真开关。

② 观察直流电压表 U2，显示 $u_o = -2.978$V，与理论值 $u_o = -10 \times (0.1 + 0.2) = -3$V，

基本相符。

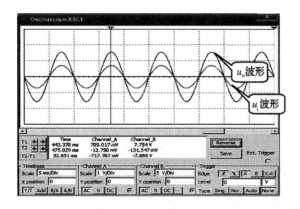

图4-41 同相比例运算电路仿真波形

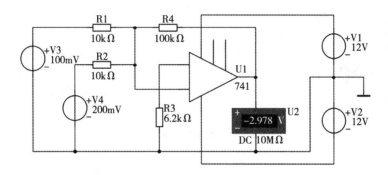

图4-42 反相加法运算电路

4. 反相减法运算电路

(1)创建电路

其电路如图4-43所示。

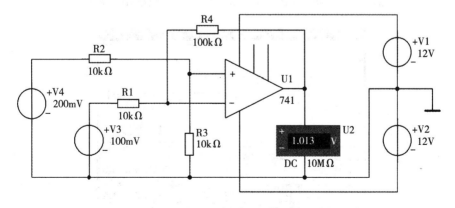

图4-43 反相减法运算电路

(2)仿真测试

① 闭合仿真开关。

② 观察直流电压表 U2，显示 $u_o = 1.013\text{V}$，与理论值 $u_o = 10 \times (0.2-0.1) = 1\text{V}$，基本相符。

5. 反相积分运算电路

（1）创建电路

其电路如图 4-44 所示。

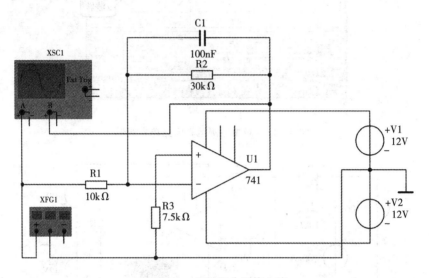

图 4-44　反相积分运算电路

（2）仿真测试

① 设置函数发生器 XFG1，使其输出频率为 1kHz、幅度为 100mV_P 的方波信号。

② 闭合仿真开关。

③ 打开示波器窗口，如图 4-45 所示，观察 u_I 和 u_o 波形可知，该积分电路将输入的方波信号转换为三角波信号输出，因此，它在信号的处理、变换中应用非常广泛。

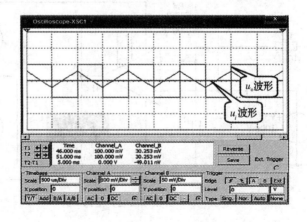

图 4-45　反相积分运算电路仿真波形

4.7　电压比较器仿真实验

【实验目的】

1. 掌握用集成运算放大器组成电压比较器的方法。
2. 掌握用 Multisim 测试电压比较器的方法。

【实验内容】

1. 过零比较器

(1)创建电路

① 放置集成运算放大器 741。

② 放置直流电压源 V1 和 V2,并设置电压为 12V。

③ 放置两个稳压二极管 D1 和 D2,依次点击(Group)Diodes→(Family)ZENER→(Component)1Z6.2。

④ 放置两个电阻 R1 和 R2 及地 GROUND。

⑤ 放置函数发生器 XFG1。

⑥ 放置双通道示波器 XSC1。

⑦ 连接仿真电路,如图 4-46 所示。

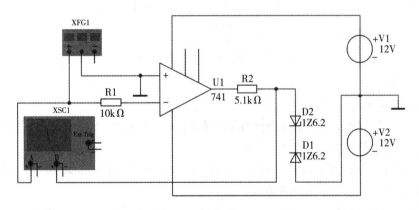

图 4-46　过零比较器电路

(2)仿真测试

① 设置函数发生器 XFG1,使其输出 $f_i = 500\text{Hz}$、$u_i = 2V_P$ 的正弦波。

② 闭合仿真开关。

③ 打开示波器窗口,如图 4-47 所示,观察 u_i 和 u_o 波形,理解过零比较器的功能。

2. 反相滞回比较器

(1)创建电路

反相滞回比较器电路如图 4-48 所示。

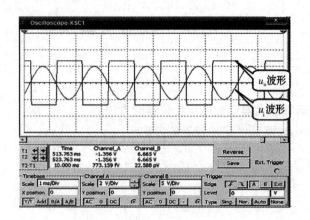

图 4-47　过零比较器仿真波形

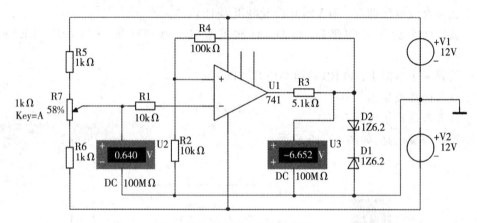

图 4-48　反相滞回比较器电路 1

（2）仿真测试

① 闭合仿真开关。

② 按 Shift＋A 键，使 R7 的百分比按 1％递减，同时电压表 U2 显示 u_I 值也减少，而电压表 U3 显示 u_o 为负值，且保持不变。

③ 当 R7 的百分比减少到 42％时，u_o 由负值跳变为正值，此时 u_I 值为 -0.64V，该值即 u_o 由 $-U_{OMAX} \rightarrow +U_{OMAX}$ 时 u_I 临界值 U_{T-}。

④ 按 A 键，使 R7 的百分比按 1％递增，同时电压表 U2 显示 u_I 值也增加，而电压表 U3 显示 u_o 为正值，且保持不变。

⑤ 当 R7 的百分比增加到 58％时，u_o 由正值跳变为负值，此时 u_I 值为 $+0.64$V，该值即 u_o 由 $+U_{OMAX} \rightarrow -U_{OMAX}$ 时 u_I 临界值 U_{T+}。

⑥ 其修改电路如图 4-49 所示。

⑦ 设置函数发生器 XFG1，使其输出 $f_i＝500$Hz、$u_i＝2V_P$ 的正弦波。

⑧ 观察示波器波形，如图 4-50 所示。当 u_I 减小到临界值 U_{T-}（-0.64V）左右时，u_o 由负值跳变为正值，见读数指针 T1 处；当 u_I 增加到临界值 U_{T+}（$+0.64$V）左右时，u_o 由正值跳变为负值，见读数指针 T2 处，由此理解滞回比较器的特性。

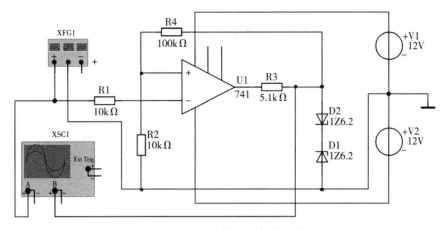

图 4 - 49 反相滞回比较器电路 2

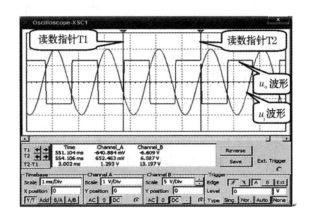

图 4 - 50 反相滞回比较器仿真波形

(3)思考与练习

如何设计同相滞回比较器电路,并仿真测试?

4.8 波形发生器仿真实验

【实验目的】

1. 掌握用集成运算放大器组成正弦波、方波及三角波发生器的方法。
2. 掌握波形发生器的调整和测试方法。

【实验内容】

1. RC 桥式正弦波振荡器

(1)创建电路

① 放置集成运算放大器 741。

141

② 放置两个二极管 D1 和 D2。

③ 放置其他元器件及双通道示波器 XSC1。

④ 连接仿真电路，如图 4-51 所示。

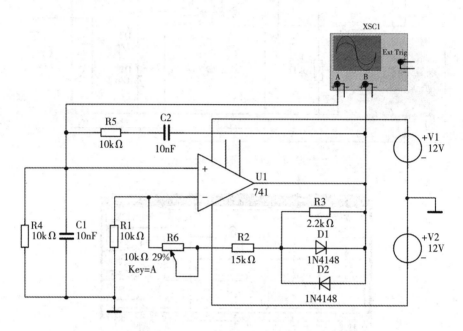

图 4-51　RC 桥式正弦波振荡器电路

（2）仿真测试

① 闭合仿真开关。

② 打开示波器窗口，调节电位器 R6，观察电路输出信号波形。

③ 当电位器 R6 的百分比较小（小于 29％）时，电路不能振荡。

④ 增大电位器 R6 的百分比至一个合适值（29％～33％）时，电路能够振荡，且输出波形正常，如图 4-52a 所示。

⑤ 继续增大电位器 R6 的百分比（大于 33％），则输出波形产生失真，如图 4-52b 所示，由此理解负反馈强弱对起振条件及输出波形的影响。

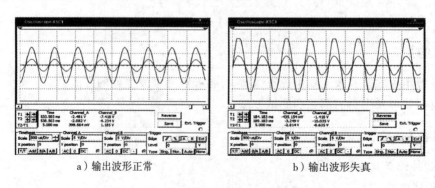

a）输出波形正常　　　　　　　　b）输出波形失真

图 4-52　RC 桥式正弦波振荡器仿真波形

2. 方波发生器

(1)创建电路

方波发生器电路如图4-53所示。

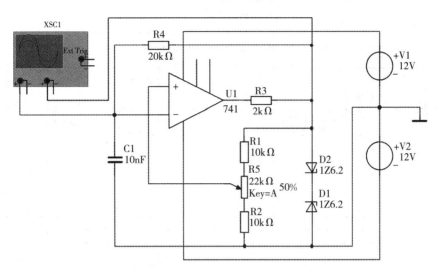

图4-53 方波发生器电路

(2)仿真测试

① 闭合仿真开关。

② 打开示波器窗口,调节电位器R5,观察电路输出信号波形。

③ 当电位器R5的百分比为50％,电路输出信号波形如图4-54a所示。

④ 增大电位器R5的百分比为80％,观察电路输出信号波形如图4-54b所示。可见,R5的百分比增大,输出方波幅值不变,保持为6.8V,但频率变低,三角波幅值变大。

⑤ 分别将电位器R5的百分比设置为0和100％,测出方波信号频率范围。

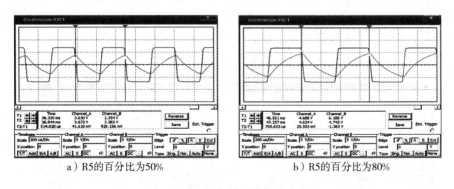

a）R5的百分比为50%   b）R5的百分比为80%

图4-54 方波发生器仿真波形

3. 方波、三角波发生器

(1)创建电路

其电路如图4-55所示。

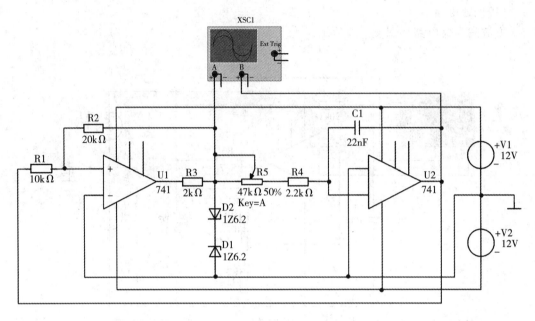

图 4 - 55　三角波、方波发生器电路

（2）仿真测试

① 闭合仿真开关。

② 打开示波器窗口,调节电位器 R5 和电阻 R2 的值,观察电路输出信号波形。

③ 调节电位器 R5 的百分比为 50%,保持 R2 阻值 20kΩ 不变,则输出信号波形如图 4 - 56a 所示。增大电位器 R5 的百分比,可观察到信号频率增大,但方波、三角波幅值均不变,由此理解 R5 对输出信号频率的影响。

④ 保持电位器 R5 的百分比为 50%,增大 R2 阻值为 40kΩ,则输出信号波形如图 4 - 56b 所示。可观察到信号频率增大,方波幅值不变,但三角波幅值减小了 1/2,由此理解 R2 对输出信号频率以及三角波幅值的影响。

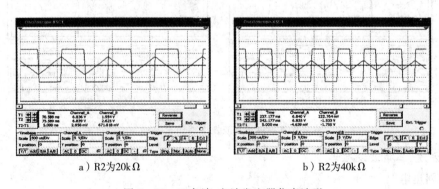

a）R2为20kΩ　　　　　　　　　　b）R2为40kΩ

图 4 - 56　三角波、方波发生器仿真波形

4.9 OTL功率放大器仿真实验

【实验目的】

1. 掌握OTL功率放大器静态工作点的设置方法。
2. 掌握OTL功率放大器最大输出功率和效率的测试方法。

【实验内容】

1. 设置静态工作点

(1)创建电路

其电路如图4-57所示。

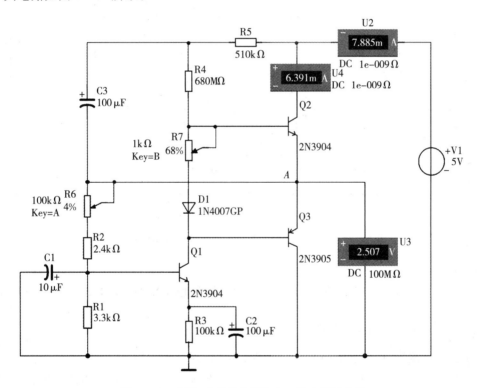

图4-57 OTL功率放大器静态工作点测试电路

(2)仿真测试

① 闭合仿真开关。

② 调节电位器R6,使直流电压表U3显示的A点电位为$U_{cc}/2$,即2.5V,此时R6的百分比为4%。

③ 调节电位器R7,使直流电流表U4显示的I_{c2}电流为5～10mA,此时R7的百分比为68%。

④ 放置一万用表,分别测量三极管Q1、Q2和Q3三个电极的电位值,即各级静态工

145

作点。

2. 最大输出功率 P_{om} 和效率 η 的测试

（1）创建电路

其电路如图 4-58 所示。

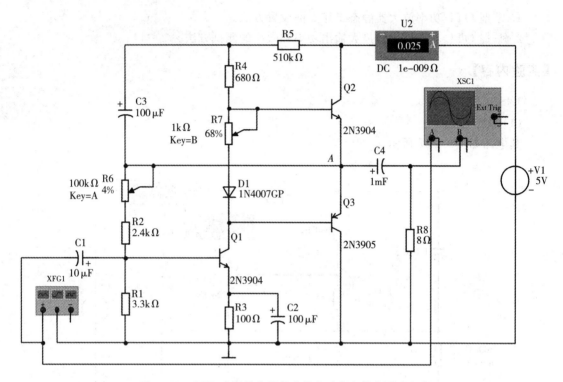

图 4-58　OTL 功率放大器最大输出功率和效率测试电路

（2）仿真测试

① 保持电位器 R6、R7 的百分比不变，设置函数发生器 XFG1，使其输出 $f_i = 1kHz$、$u_i = 10mV_P$ 的正弦波。

② 闭合仿真开关。

③ 打开示波器窗口，逐渐增大 u_i 幅值，观察 u_o 波形。

④ 当 u_i 增大到 $17mV_P$ 时，u_o 最大且不失真，波形如图 4-59a 所示，由读数指针 T1 所在位置可读出 U_{om} 约为 0.5V，由此可计算出 P_{om}。

⑤ 由直流电流表 U2，可读出直流电源供给的平均电流 I_{dc}，由此可计算出直流电源供给的平均功率 P_E 及效率 η。

⑥ 逐渐减小 R7，输出将出现交越失真，当 R7 的百分比减小到 0 时，输出交越失真波形如图 4-59b 所示，由此理解电位器 R7 对于改善输出电压波形交越失真的作用。

（3）思考与练习

将 C3 开路、R5 短路，即去除自举电路，再测量 U_{om}，求出 A_u，并与上述电路比较，分析研究自举电路的作用。

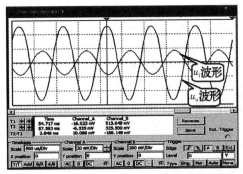 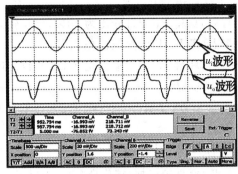

a）R7的百分比为68%　　　　　　　　　b）R7的百分比为0

图4-59 R7对输出电压波形的影响

4.10　直流稳压电源仿真实验

【实验目的】

1. 掌握串联型晶体管稳压电源和集成稳压电源的组成。
2. 掌握直流稳压电源的输出电阻、稳压系数、纹波电压等主要技术指标的测量方法。

【实验内容】

1. 串联型晶体管稳压电源

（1）创建电路

其电路如图4-60所示。

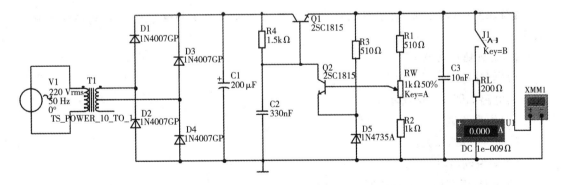

图4-60 串联型直流稳压电源电路

（2）仿真测试

① 闭合仿真开关。

② 测量输出电压 U_o 变化范围。

断开J1，调节电位器 R_W，观察输出电压 U_o 的变化情况，并用万用表测量输出电压的最大值 U_{omax} 和最小值 U_{omin}。

147

③ 测量输出电阻 R_o。

首先，保持 R_W 的百分比为 50%，保持输入电压 V1 为 220V 不变。

接着，断开 J1，测量输出电压 U_{o1}。

然后，闭合 J1，测量输出电压 U_{o2} 和输出电流 I_{o2}，计算输出电阻 $R_o = (U_{o1} - U_{o2})/I_{o2}$。

④ 测量稳压系数 S_r。

闭合 J1，调节输入电压 V1 在 $\pm 10\%$ 的范围变化，测量输出电压相应的变化值 ΔU_o，计算电路的稳压系数 S_r。

⑤ 测量纹波电压。

首先，添加示波器，使示波器 A 端与稳压电路输出端相连。

然后，闭合 J1，观察示波器显示 U_o 波形，如图 4-61 所示，可直接读出在负载电阻为 200Ω 条件下的纹波电压峰-峰值。注意应该采用示波器的交流（AC）耦合方式。

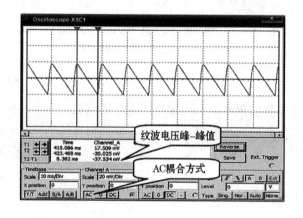

图 4-61　串联型晶体管稳压电源纹波电压波形

【备注】为简化分析，通常以稳压电源输出电压交流分量的峰-峰值来表示纹波电压大小。

2. 集成稳压电源

(1) 创建电路

其电路如图 4-62 所示。

(2) 仿真测试

① 闭合仿真开关。

② 测量输出电压 U_o。

断开 J1，用万用表 XMM 测量输出电压 U_o。

③ 测量输出电阻 R_o。

首先，保持输入电压 V1 为 220V 不变。

接着，断开 J1，测量输出电压 U_{o1}。

然后，闭合 J1，测量输出电压 U_{o2} 和输出电流 I_{o2}，计算输出电阻 $R_o = (U_{o1} - U_{o2})/I_{o2}$。

④ 测量稳压系数 S_r

闭合 J1，调节输入电压 V1 在 $\pm 10\%$ 的范围变化，测量输出电压相应的变化值 ΔU_o，计算

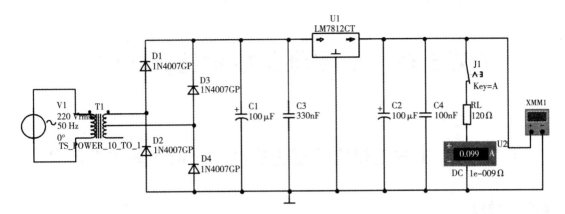

图 4-62　集成稳压电源电路

电路的稳压系数 S_{r}。

⑤ 测量纹波电压

首先,添加示波器,使示波器 A 端与稳压电路输出端相连。

然后,闭合 J1,观察示波器显示 U_{o} 波形,如图 4-63 所示,可直接读出在负载电阻为 120Ω 条件下的纹波电压峰—峰值。

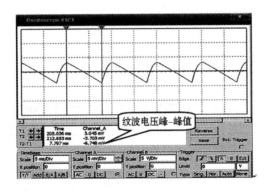

图 4-63　集成稳压电源纹波电压波形

第5章　数字电子技术仿真实验

5.1　TTL集成逻辑门的逻辑功能与参数测试仿真实验

【实验目的】

1. 熟悉在电子仿真软件 Multisim 平台上进行数字电路虚拟仿真实验的方法。
2. 熟悉 Multisim 中 TTL 器件和 LED 的使用方法。
3. 掌握集成与非门芯片的逻辑功能和测试方法。
4. 掌握四人表决电路的设计方法。

【实验内容】

1. 74LS20 功能测试

(1)创建电路

① 打开 Components 工具条。点击 View 菜单，选中 Toolbars，在弹出的菜单中选中 Components 选项，打开的 Components 工具条如图 5-1 所示。

图 5-1　Components 工具条

② 放置 4 输入与非门 74LS20。单击 Components 工具栏中的 TTL 按钮，如图 5-1 所示，弹出 Select a Component 窗口，如图 5-2 所示。在 Family 列表中选择 74LS，在 Component 列表中选择 74LS20N，单击 OK 按钮即可。由于 74LS20N 中含有两个独立的 4 输入与非门 A 和 B，使用时可任选一个。

③ 放置 LED。单击 Components 工具栏中的 Diode 按钮，在 Family 列表中选择 LED，在 Component 列表中选择 LED red，单击 OK 按钮。

④ 放置电阻 R。单击 Components 工具栏中的 Basic 按钮，在 Family 列表中选择 RE-SISTOR，在 Component 列表中选择 200Ω，单击 OK 按钮。

⑤ 放置单刀双掷开关 SPDT。单击 Components 工具栏中的 Basic 按钮，在 Family 列表中选择 SWITCH，在 Component 列表中选择 SPDT，单击 OK 按钮。本实验共需放置 4 个 SPDT，并分别设置其 Key 值为 A～D。

⑥ 放置电源 VCC 和地 GROUND。单击 Components 工具栏中的 Source 按钮，在

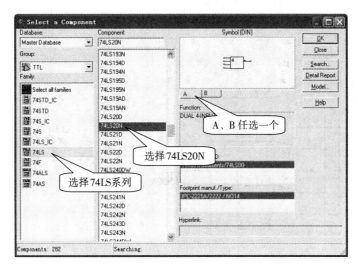

图 5 - 2　选取 74LS20N

Family 列表中选择 POWER SOURCES,在 Component 列表中选择 VCC,单击 OK 按钮即可放置电源;在 Component 列表中选择 GROUND,点击 OK 按钮即可放置地,如图 5 - 3 所示。

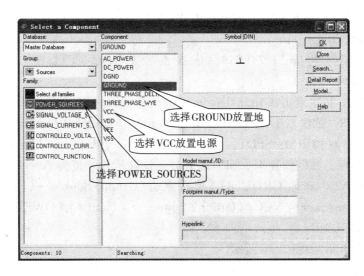

图 5 - 3　选取电源和地

⑦ 连接仿真电路,如图 5 - 4 所示。

(2)仿真测试

① 开关 J1~J4 为信号输入。

② 闭合仿真开关,拨动 J1~J4,使 74LS20 的四个输入端输入高电平"1"或低电平"0",观察 LED 亮灭的变化。

③ 只有当输入信号全"1"时,74LS20 输出才为"0",LED 灭;否则 74LS20 输出"1",LED 亮。通过观察 LED 亮灭的变化,理解 74LS20 与非的逻辑功能。

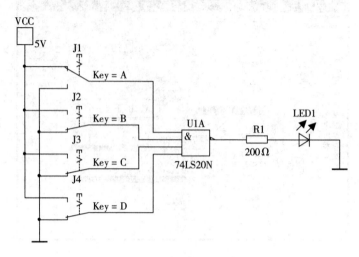

图 5-4　74LS20 功能测试电路

2. 四人表决电路的设计

（1）创建电路

① 放 置 4 输 入 与 非 门 74LS20。依 次 点 击（Group）TTL → （Family）74LS →
(Component)74LS20N。

② 放 置 3 输 入 与 非 门 74LS10。依 次 点 击（Group）TTL → （Family）74LS →
(Component)74LS10N。

③ 放置 LED。依次点击(Group)Diode→(Family)LED→(Component)LED_red。

④ 放置电阻 R。依次点击(Group)Basic→(Family)RESISTOR→(Component)200Ω。

⑤ 放 置 单 刀 双 掷 开 关 SPDT。依 次 点 击（Group）Basic → （Family）SWITCH →
(Component)SPDT。共需放置 4 个 SPDT，并分别设置其 Key 值为 A～D。

⑥放置电源 VCC 和地 GROUND。依次点击（Group）Source→（Family）POWER_
SOURCES→ （Component）VCC；（Group）Source → （Family）POWER _ SOURCES →
(Component)GROUND。

⑦ 连接仿真电路,如图 5-5 所示。

（2）仿真测试

① 在四人表决电路中,开关 J1～J4 为四人表决意见的输入,并规定输入"1"表示同意,
输入"0"表示不同意；LED 亮表示表决通过,LED 灭表示表决未通过。

② 闭合仿真开关,拨动 J1～J4,输入四人表决意见,观察 LED 亮灭的变化。

③ 只有当三人或四人输入为"1"时,LED 才点亮,表示表决通过；否则 LED 灭,表示表
决未通过。观察 LED 亮灭的变化,理解和掌握四人表决电路的设计方法。

（3）思考与练习

若只用 74LS20 这一种芯片设计该四人表决电路,应如何设计,并仿真测试?

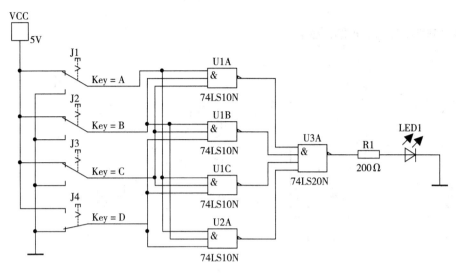

图 5 - 5　四人表决电路

5.2　组合逻辑电路的设计与测试仿真实验

【实验目的】

1. 掌握半加器和全加器的逻辑功能和设计方法。
2. 熟悉 Multisim 中指示灯的使用方法。

【实验内容】

1. 半加器的设计

(1)创建电路

① 放置 2 输入异或门 74LS86。依次点击（Group）TTL → （Family）74LS → (Component)74LS86N。

② 放置 2 输入与门 74LS08。依次点击（Group）TTL → （Family）74LS → (Component)74LS08N。

③ 放置红色指示灯 X1 和蓝色指示灯 X2。依次点击（Group）Indicator→（Family）PROBE → （Component）PROBE _ RED；（Group）Indicator → （Family）PROBE → (Component)PROBE_BLUE。

【备注】双击指示灯,在 Value 选项卡中,可定义点亮指示灯的 Threshhold Voltage(门限电压),如图 5 - 6 所示。

④ 放置其他元器件。放置两个 SPDT,并分别设置其 Key 值为 A 和 B;放置 VCC 和 GROUND。

⑤ 连接仿真电路,如图 5 - 7 所示。

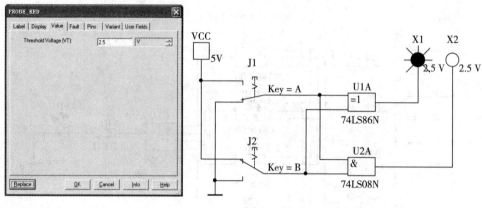

图 5-6 设置指示灯门限电压　　　　　　图 5-7 半加器电路

（2）仿真测试

① J1 和 J2 为半加器的两个加数输入，X1 和 X2 指示半加和位及进位的输出，X1 和 X2 均为"1"亮，"0"灭。

② 闭合仿真开关，拨动 J1 和 J2，输入两个加数，观察指示灯亮灭的变化，理解和掌握半加器电路的设计方法。

2. 全加器的设计

（1）创建电路

① 放置 2 输入异或门 74LS86。依次点击（Group）TTL → （Family）74LS → （Component）74LS86N。

② 放置 2 输入与门 74LS08。依次点击（Group）TTL → （Family）74LS → （Component）74LS08N。

③ 放置 2 输入或门 74LS32。依次点击（Group）TTL → （Family）74LS → （Component）74LS32N。

④ 放置其他元器件。放置三个 SPDT，并分别设置其 Key 值为 A～C；放置红色指示灯 X1 和蓝色指示灯 X2；放置 VCC 和 GROUND。

⑤ 连接仿真电路，如图 5-8 所示。

（2）仿真测试

① J1 和 J2 为全加器两个加数输入，J3 为低位进位输入，X1 和 X2 指示本位和位及本位进位的输出，X1 和 X2 均为"1"亮，"0"灭。

② 闭合仿真开关，拨动 J1～J3，输入两个加数及低位进位，观察指示灯亮灭的变化，理解和掌握全加器电路的设计方法。

（3）思考与练习

如何用四路 2-3-3-2 输入与或非门 74LS54 芯片设计全加器电路，并仿真测试？

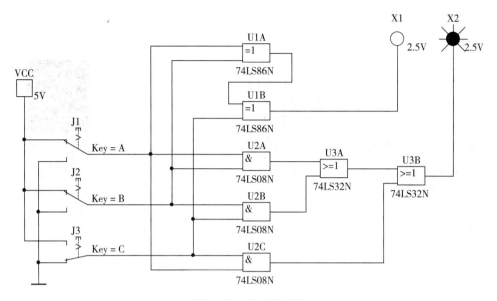

图 5-8　全加器电路

5.3　译码器及其应用仿真实验

【实验目的】

1. 熟悉 Multisim 中 CMOS 器件、数码管和排阻的使用方法。
2. 掌握集成 BCD 七段显示译码器的逻辑功能和使用方法。
3. 掌握集成 3 线-8 线译码器的逻辑功能和使用方法。

【实验内容】

1. 显示译码电路设计

（1）创建电路

① 放置 BCD 七段显示译码器 CD4511。依次点击（Group）CMOS→（Family）CMOS_5V→（Component）4511BT_5V。

② 放置共阴七段绿色数码管。依次点击（Group）Indicator→（Family）HEX_DISPLAY→（Component）SEVEN_SEG_COM_K_GREEN。

③ 放置排阻。依次点击（Group）Basic→（Family）RPACK→（Component）RPACK_VARIABLE_2×7。

注意：CD4511 的输出和数码管间需加 180Ω 的排阻进行限流。

④ 放置其他元器件。放置七个 SPDT，即 J1～J7，并分别设置其 Key 值为 A～G；放置 VCC 和 GROUND。

⑤ 连接仿真电路，如图 5-9 所示。

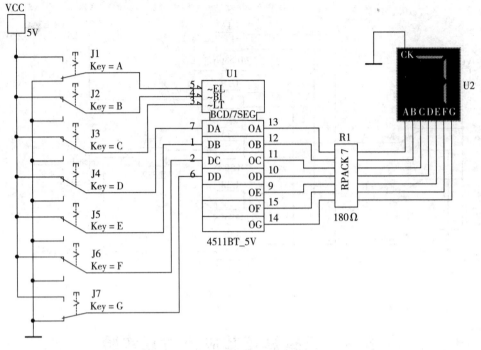

图 5-9　显示译码电路

（2）仿真测试

① J1~J3 为 4511 的三个使能端输入，J4~J7 为四个 BCD 码输入端输入，4511 的七个显示译码输出端通过排阻驱动共阴数码管的显示。

② 闭合仿真开关。

③ 拨动 J1~J3 为"111"，使 4511 处于译码工作状态。

④ 当拨动 J4~J7，输入 BCD 码"0000~1001"（J7 输入 BCD 码高位，J4 输入 BCD 码低位），观察数码管显示 0~9。

⑤ 当拨动 J4~J7，输入非法 BCD 码"1010~1111"时，数码管熄灭，理解和掌握 BCD 七段显示译码器 CD4511 的逻辑功能和使用方法。

2.3 线-8 线译码器 74LS138 逻辑功能测试

（1）创建电路

① 放置 3 线-8 线译码器 74LS138。依次点击（Group）TTL→（Family）74LS→（Component）74LS138。

② 放置其他元器件。放置六个 SPDT，即 J1~J6，并分别设置其 Key 值为 A~F；放置八盏红色指示灯 X1~X8；放置 VCC 和 GROUND。

③ 连接仿真电路，如图 5-10 所示。

（2）仿真测试

① J1~J3 为 74LS138 的三个地址端输入，J4~J6 为三个使能端输入，指示灯 X1~X8 指示 74LS138 的八个输出端状态。

② 闭合仿真开关。

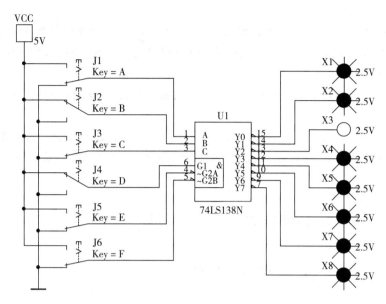

图 5-10　74LS138 逻辑功能测试

③ 拨动 J4～J6 为"100"，使 74LS138 处于译码工作状态。

④ 拨动 J1～J3，输入 3 位地址码"000～111"（J3 输入地址码高位，J1 输入地址码低位），使 74LS138 的八个输出端逐一输出"0"，观察指示灯 X1～X8 逐一熄灭，理解和掌握 3 线-8 线译码器 74LS138 的逻辑功能和使用方法。

3. 用 74LS138 构成时序脉冲分配器

（1）创建电路

①放置时钟信号源 V1。依次点击（Group）Source→（Family）SIGNAL_VOLTAGE_SOURCES→（Component）CLOCK_VOLTAGE。双击信号源图标，设定频率为 100Hz。

② 放置其他元器件。放置 74LS138；放置三个 SPDT，即 J1～J3，并分别设置其 Key 值为 A～C；放置八盏指示灯 X1～X8；放置 VCC 和 GROUND；放置双通道示波器 XSC1。

③ 连接仿真电路，如图 5-11 所示。

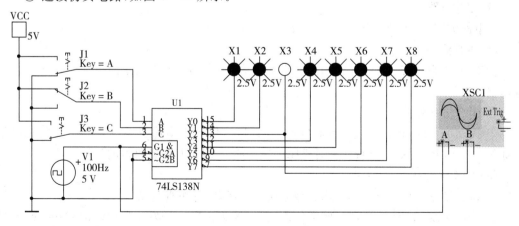

图 5-11　74LS138 构成时序脉冲分配器

157

（2）仿真测试

① J1～J3 为 74LS138 的三个地址端输入，100Hz 的时序脉冲信号加在 74LS138 的 G1 使能端，其余两个使能端$\overline{G2A}$和$\overline{G2B}$均接地，X1～X8 指示 74LS138 的八个输出端状态。

② 闭合仿真开关。

③ 拨动 J1～J3，输入某一地址，则相应的一盏指示灯按照 100Hz 的规律闪烁，其余指示灯维持点亮。

④ 当拨动 J1～J3 为"010"，打开示波器窗口，可观察到从 Y_2 端输出的脉冲信号与输入脉冲信号反相，如图 5-12 所示，理解 3 线-8 线译码器 74LS138 构成时序脉冲分配器的原理。

（3）思考与练习

如何修改电路连接，使输出脉冲信号与输入脉冲信号保持同相？

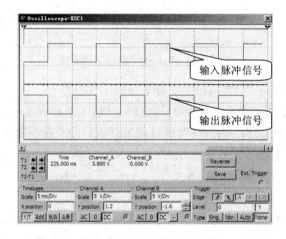

图 5-12　时序脉冲分配器波形图

4. 用两片 3 线-8 线译码器 74LS138 构成 4 线-16 线译码器

（1）创建电路

其电路如图 5-13 所示。

（2）仿真测试

① J1～J4 为 4 线-16 线译码器的四个地址输入端，X1～X16 指示两片 74LS138 十六个输出端状态。

② 闭合仿真开关。

③ 拨动 J1～J4，输入 4 位地址码"0000～1111"，使十六个输出端逐一输出"0"，观察指示灯 X1～X16 逐一熄灭，掌握用两片 74LS138 构成 4 线-16 线译码器的设计方法。

（3）思考与练习

① 该连接方式唯一吗？ 如何用其他连接方式实现，并仿真测试？

② 若该 4 线-16 线译码器的四个输入信号，改为由字信号发生器（Word Generator）提供，则十六个输出端自动逐一熄灭，即构成 16 位跑马灯电路，试构成电路，并仿真测试。

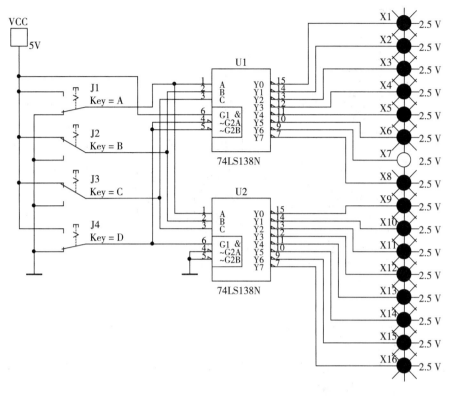

图 5-13　用两片 74LS138 构成 4 线-16 线译码器

5.4　数据选择器及其应用仿真实验

【实验目的】

1. 掌握集成数据选择器的逻辑功能和使用方法。
2. 掌握用集成数据选择器设计全加器、四人表决电路等组合逻辑电路的设计方法。

【实验内容】

1.8 选 1 数据选择器 74LS151 逻辑功能测试

（1）创建电路

① 放置 8 选 1 数据选择器 74LS151。

② 放置时钟信号源 V1、V2 和 V3，并分别设定频率为 1kHz、2kHz 和 4kHz。

③ 放置其他元器件。放置四个 SPDT，即 J1～J4，并分别设置其 Key 值为 A～D；放置 VCC 和 GROUND。

④ 放置双通道示波器 XSC1。

⑤ 连接仿真电路，如图 5-14 所示。

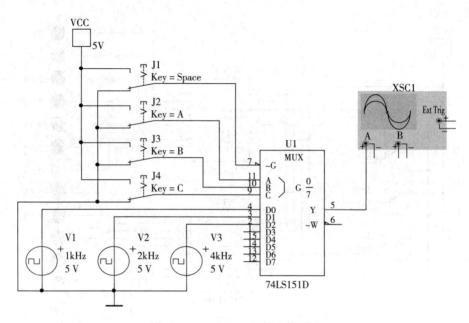

图 5-14　74LS151 逻辑功能测试

（2）仿真测试

① J1 为 74LS151 的使能控制端输入，J2～J4 为三个数据选择控制端输入，三个不同频率的时钟信号加在三个数据输入端。

② 闭合仿真开关。

③ 拨动 J1 为"0"，使 74LS151 处于正常工作状态。

④ 拨动 J2～J4，打开示波器窗口，观察示波器波形。

⑤ 当拨动 J2～J4 为"000"，如图 5-14 所示，数据选择控制端为"000"，则 74LS151 的 D0 端输入的数据（即时钟信号源 V1）被选中送往输出端，示波器显示 1kHz 的时钟信号，如图 5-15 所示。

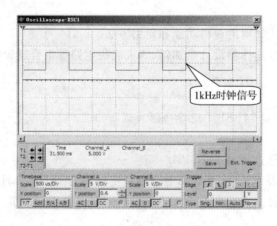

图 5-15　74LS151 输出波形

⑥ 当拨动 J2～J4 为"001"，则信号源 V2 被选中，示波器显示 2kHz 的时钟信号。

⑦ 当拨动 J2～J4 为"010",则信号源 V3 被选中,示波器显示 4kHz 的时钟信号,从而理解和掌握数据选择器 74LS151 的逻辑功能和使用方法。

(3)思考与练习

① 如何设计双 4 选 1 数据选择器 74LS153 的逻辑功能测试电路,并仿真测试?

② 如何用两片 74LS151 芯片,设计带有 4 位数据选择控制端的 16 选 1 数据选择器,并仿真测试?

2. 用 8 选 1 数据选择器 74LS151 设计四人表决电路

(1)创建电路

其电路如图 5-16 所示。

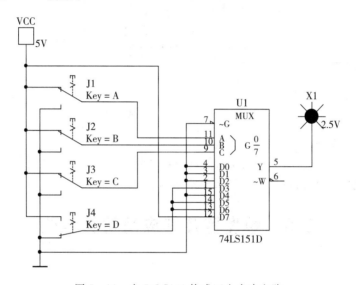

图 5-16 由 74LS151 构成四人表决电路

(2)仿真测试

① 在四人表决电路中,开关 J1～J4 为四人表决意见的输入,并规定输入"1"表示同意,输入"0"表示不同意;指示灯 X1 亮表示表决通过,指示灯 X1 灭表示表决未通过。

② 闭合仿真开关。

③ 拨动 J1～J4,输入四人表决意见,观察指示灯 X1 亮灭的变化。

④ 只有当三人或四人输入为"1"时,指示灯 X1 才点亮,表示表决通过;否则指示灯 X1 灭,表示表决未通过。观察指示灯 X1 亮灭的变化,理解和掌握使用数据选择器设计组合逻辑电路的方法。

(3)思考与练习

如何用双 4 选 1 数据选择器 74LS153 芯片,设计三人表决电路,并仿真测试?

3. 用双 4 选 1 数据选择器 74LS153 设计全加器

(1)创建电路

其电路如图 5-17 所示。

(2)仿真测试

① J1 和 J2 为全加器的两个加数输入,J3 为低位进位输入,X1 和 X2 指示本位和位及本

位进位的输出。

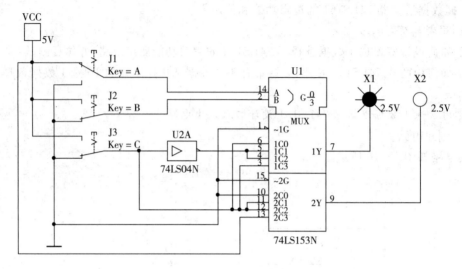

图 5-17　由 74LS153 构成全加器

② 闭合仿真开关。

③ 拨动 J1～J3，输入两个加数及低位进位，观察指示灯 X1 和 X2 亮灭的变化，进一步理解和掌握使用数据选择器设计组合逻辑电路的方法。

5.5　触发器及其应用仿真实验

【实验目的】

1. 掌握集成 JK 触发器和 D 触发器的逻辑功能及使用方法。

2. 熟悉触发器之间相互转换的设计方法。

3. 熟悉 Multisim 中逻辑分析仪的使用方法。

【实验内容】

1. 双 JK 触发器 74LS112 逻辑功能测试

(1)创建电路

其电路如图 5-18 所示。

(2)仿真测试

① J1 和 J5 分别为 74LS112 的异步置位端和异步复位端输入，J2 和 J4 分别为 J、K 数据端输入，J3 为时钟端输入，X1 和 X2 指示 74LS112 的输出端 Q 和 $\overline{Q}$ 的状态。

② 异步置位和异步复位功能测试。

闭合仿真开关。

拨动 J1 为"0"、J5 为"1"，其他开关无论为何值，则 74LS112 被异步置"1"，指示灯 X1 亮，X2 灭，理解异步置位的功能。

拨动 J1 为"1"、J5 为"0"，其他开关无论为何值，则 74LS112 被异步清"0"，指示灯 X1

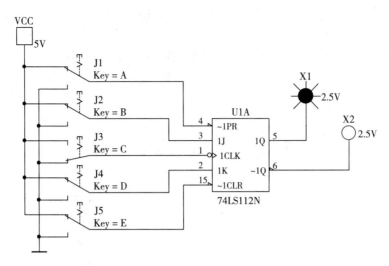

图 5-18　74LS112 逻辑功能测试

灭,X2 亮,理解异步复位的功能。

③ 74LS112 逻辑功能测试。

首先,拨动 J1 和 J5,设定触发器的初态。

接着,拨动 J1 和 J5 均为"1",使 74LS112 处于触发器工作状态。

然后,拨动 J2~J4,观察指示灯 X1 和 X2 亮灭的变化,尤其注意观察指示灯亮灭变化发生的时刻,即 J3 由"1"到"0"变化的时刻,从而掌握下降沿触发的集成边沿 JK 触发器的逻辑功能。

2.JK 触发器构成 T 触发器

(1)创建电路

其电路如图 5-19 所示。

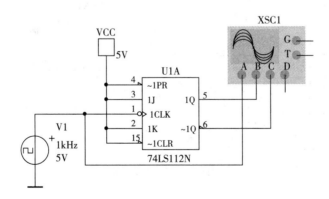

图 5-19　74LS112 构成 T 触发器

(2)仿真测试

① 闭合仿真开关。

② 打开示波器窗口,如图 5-20 所示。

示波器窗口从上到下同时显示三个波形,即时钟输入信号(A 通道)、Q 端输出信号(B

通道)及 $\overline{Q}$ 端输出信号(C 通道)。由读数指针 T1 所在位置看出:当时钟输入信号下降沿到来时,触发器输出状态翻转,即 Q 由"0"变"1",同时 $\overline{Q}$ 由"1"变"0";由读数指针 T2 所在位置看出:当时钟输入信号上升沿到来时,触发器输出状态不变,即 Q 保持"1", $\overline{Q}$ 保持"0"。所以,每当时钟输入信号下降沿到来时,Q 的状态就翻转,实现了下降沿触发的边沿 T 触发器的功能,同时也是二分频电路。

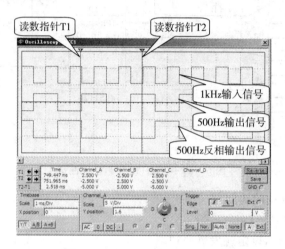

图 5-20 T 触发器输入输出波形

3. 双 D 触发器 74LS74 逻辑功能测试

(1)创建电路

创建仿真电路,如图 5-21 所示。

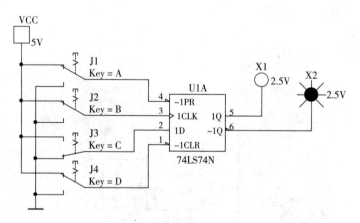

图 5-21 74LS74 逻辑功能测试

(2)仿真测试

① J1 和 J4 分别为 74LS74 的异步置位端和异步复位端输入,J2 为时钟端输入端,J3 为 D 数据端输入,X1 和 X2 指示 74LS74 的输出端 Q 和 $\overline{Q}$ 的状态。

② 异步置位和异步复位功能测试。

闭合仿真开关。

拨动 J1 和 J4,其他开关状态任意,观察指示灯显示,理解异步置位和异步复位的功能。

③ 74LS74 逻辑功能测试。

首先,拨动 J1 和 J4,设定触发器的初态。

接着,拨动 J1 和 J4 均为"1",使 74LS74 处于触发器工作状态。

然后,拨动 J2 和 J3,观察指示灯的显示,尤其注意观察指示灯亮灭变化发生的时刻,即 J2 由"0"到"1"变化的时刻,从而掌握上升沿触发的集成边沿 D 触发器的逻辑功能。

(3)思考与练习

如何设计用双 D 触发器 74LS74 芯片构成 T 及 T′触发器,并仿真测试?

4.D 触发器构成八分频电路

(1)创建电路

① 放置双 D 触发器 74LS74,共需两片。

② 放置其他元器件。放置时钟信号源 V1;放置 VCC 和 GROUND。

③ 放置逻辑分析仪 XLA1。依次点击菜单 Simulate→Instruments→Logic Analyzer。

④ 连接仿真电路,如图 5 - 22 所示。

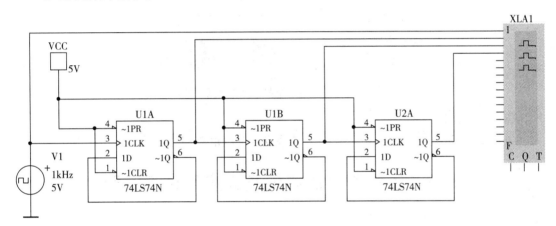

图 5 - 22　由 74LS74 构成八分频电路

(2)仿真测试

① 双击逻辑分析仪图标,打开逻辑分析仪波形显示窗口,如图 5 - 23 所示,设定时钟控制区每格显示脉冲数(Clocks/Div)为 2。点击 Set 按钮,在弹出的 Clock setup 窗口中,设置 Clock Source 为 Internal;设置 Clock Rate 为 2kHz,如图 5 - 24 所示。

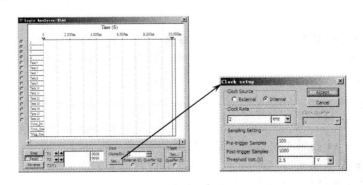

图 5 - 23　逻辑分析仪波形显示窗口　　图 5 - 24　Clock setup 窗口

② 闭合仿真开关。

③ 逻辑分析仪窗口同时显示五个波形，如图 5-25 所示，从上到下依次为：输入时钟信号波形、U1A 输出波形（2 分频）、U1B 输出波形（4 分频）、U2A 输出波形（8 分频）和逻辑分析仪内部时钟脉冲波形，从而理解和掌握用触发器设计分频电路的设计方法。

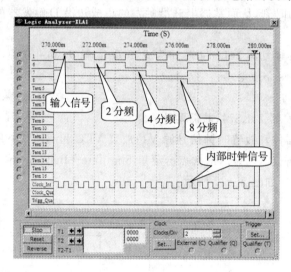

图 5-25　八分频电路逻辑分析仪显示波形

（3）思考与练习

如何设计用双 JK 触发器 74LS112 芯片构成八分频电路，并仿真测试？

5.6　计数器功能测试及其应用仿真实验

【实验目的】

1. 了解用触发器构成计数器的设计方法。

2. 掌握集成计数器的逻辑功能、使用方法及构成不同进制计数器的设计方法。

3. 熟悉 Multisim 中总线的使用方法。

【实验内容】

1. D 触发器构成 4 位二进制异步加法计数器

（1）创建电路

其电路如图 5-26 所示。

（2）仿真测试

① 闭合仿真开关。

② 观察 X1～X4 按照 4 位二进制加法规律点亮。

③ 打开逻辑分析仪窗口，如图 5-27 所示，其时钟设置如图 5-28 所示。

④ 观察逻辑分析仪窗口同时显示六个波形，从上到下依次为：时钟信号输入波形、U1A、U1B、U2A、U2B 输出波形和逻辑分析仪内部时钟波形。读数指针 I 所在位置处

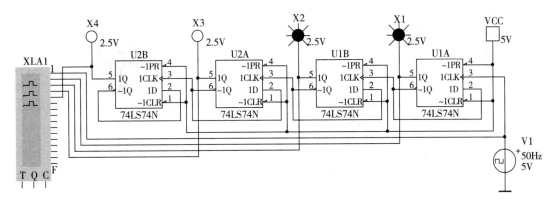

图 5-26 由 74LS74 构成 4 位二进制异步加法计数器

U2B、U2A、U1B、U1A 输出计数值为"0000",之后每到来一个输入时钟信号,计数值按照 4 位二进制计数规律加 1 计数,直到 16 个输入时钟信号后,计数值为"1111",即读数指针 Ⅱ 所在位置,实现了 4 位二进制异步加法计数功能,从而理解用触发器构成计数器的设计方法。

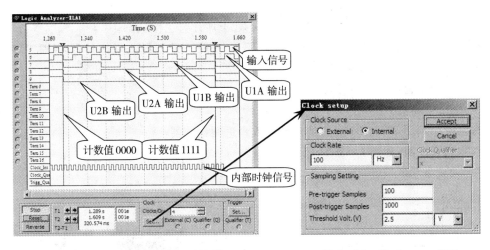

图 5-27 逻辑分析仪显示波形   图 5-28 Clock setup 窗口

(3)思考与练习

① 如何设计用 D 触发器 74LS74 构成 4 位二进制异步减法计数器,并仿真测试?

② 如何设计用双 JK 触发器 74LS112 构成 4 位二进制异步加法计数器,并仿真测试?

2. 集成 4 位二进制同步加法计数器 74LS161 逻辑功能测试

(1)创建电路

其电路如图 5-29 所示。

(2)仿真测试

① J1 和 J2 分别为 74LS161 的异步清零端和同步置数控制端输入,J3 为并行数据输入端输入,X1 指示输入时钟信号状态,X2 指示进位输出状态,X3~X6 指示数据输出 QA~QD 状态。

② 异步清零和同步置数功能测试。

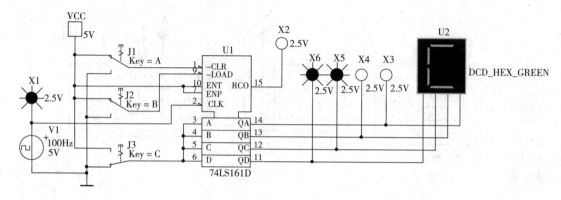

图 5 - 29　74LS161 逻辑功能测试

闭合仿真开关。

拨动 J1 为"0"，观察指示灯及数码管的显示，了解异步清零的功能。

拨动 J1 为""1"，拨动 J2 和 J3，观察指示灯及数码管的显示，了解同步置数的功能。

③ 74LS161 逻辑功能测试。

首先，拨动 J1 和 J2 均为"1"，使 74LS161 处于加计数工作状态。

然后，观察指示灯及数码管的显示，74LS161 按照二进制加法规律计数，从而理解和掌握 74LS161 的逻辑功能和使用方法。

3. 74LS161 构成六进制计数器

（1）创建电路

方法一　利用 74LS161 异步清零端构成六进制计数器

创建仿真电路，如图 5 - 30 所示。

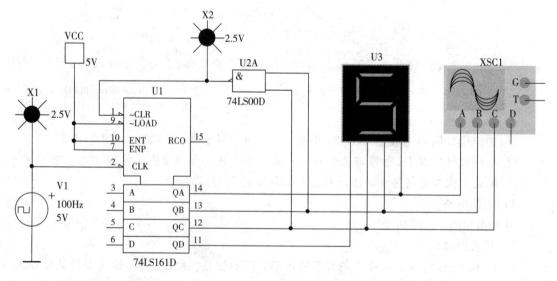

图 5 - 30　利用 74LS161 异步清零端构成六进制计数器

方法二　利用 74LS161 同步置数端构成六进制计数器

创建仿真电路，如图 5 - 31 所示。

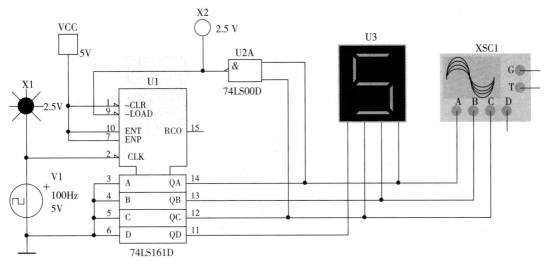

图 5-31　利用 74LS161 同步置数端构成六进制计数器

（2）仿真测试

① 闭合仿真开关。

② 观察两个电路中的数码管,都按照六进制计数规律显示数值 0～5,构成了六进制计数器。但要注意区别两种方法电路连接的不同,以及仿真时指示灯 X2 熄灭时间的不同。

③ 打开示波器窗口,图 5-32 所示为两种方法构成六进制电路中示波器显示的 QA、QB 和 QC 波形。由图 5-32a 可看出,利用异步清零端的构成六进制计数器,计数状态为 S_0、S_1、S_2、S_3、S_4 到 S_5,S_6 态瞬间即逝;由图 5-33b 可看出,利用同步置数端构成的六进制计数器,计数状态为 S_0、S_1、S_2、S_3、S_4 到 S_5,没有 S_6 态,由此理解异步和同步的区别,掌握用异步端和用同步端构成 N 进制计数器的两种设计方法。

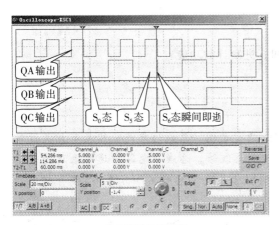
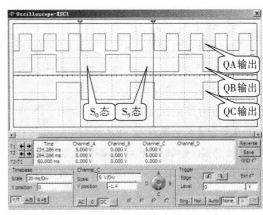

a）利用异步清零端　　　　　　　　　b）利用同步置数端

图 5-32　六进制计数器输出端波形

4. 二-五-十进制异步加法计数器 74LS290 逻辑功能测试

（1）创建电路

其电路如图 5-33 所示。

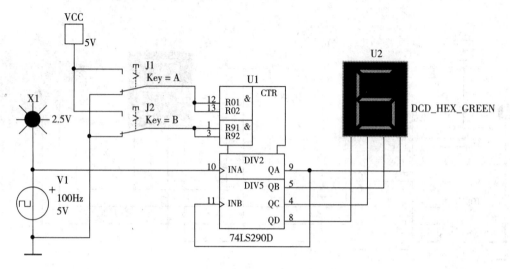

图 5 - 33　74LS290 逻辑功能测试

（2）仿真测试

① J1 和 J2 分别为 74LS290 的异步清零端和异步置 9 端输入。

② 异步清零和异步置 9 功能测试。

闭合仿真开关。

拨动 J1 为"1"，观察数码管的显示，了解异步清零的功能。

拨动 J1 为"0"，拨动 J2 为"1"，观察数码管的显示，了解异步置 9 的功能。

③ 74LS290 逻辑功能测试。

首先，拨动 J1 和 J2 均为"0"，使 74LS290 处于加计数工作状态。

然后，观察数码管的显示，74LS290 按照十进制加法规律计数，从而理解和掌握 74LS290 的逻辑功能和使用方法。

（3）思考与练习

如何仿真测试 74LS290 二进制计数功能和五进制计数功能？

5. 用两片 74LS290 构成百进制计数器

（1）创建电路

创建仿真电路，如图 5 - 34 所示。

【备注】本电路中使用总线（Bus）以简化电路，便于读图。总线通常是一组具有相关性信号线的总称，如微机中的数据总线、地址总线和控制总线等。总线在电路中通常表现为一根粗线，由于总线本身没有实际的电气连接意义，所以必须定义总线名和分支名，具有相同分支名的导线在电气上是连接的。

总线的绘制方法：

① 依次点击菜单 Place→Bus，放置总线，放置后的总线系统自动取名为 Bus1。

② 双击总线，弹出总线属性（Bus Properties）窗口，如图 5 - 35 所示，修改总线名称（Bus Name）。

③ 连接总线分支线路，系统弹出定义总线分支连接（Bus Entry Connection）窗口，如图 5 - 36 所示，在 Busline 栏中定义分支名称即可。

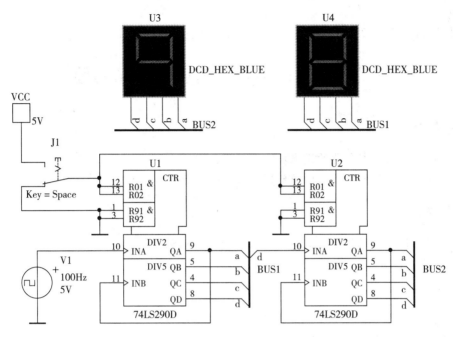

图 5-34 两片 74LS290 构成百进制计数器

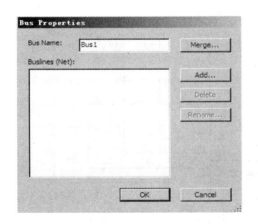

图 5-35 Bus Properties 窗口

图 5-36 Bus Entry Connection 窗口

（2）仿真测试

① J1 为两片 74LS290 的异步清零端输入。数码管 U3 和 U4 分别指示两片 74LS290（U2 和 U1）构成的十位和个位计数值。

② 闭合仿真开关。

③ 首先，拨动 J1 为"1"，使两片计数器均清零，数码管显示 00。

④ 接着，拨动 J1 为"0"，使两片 74LS290 处于十进制加计数状态。

⑤ 然后，观察两位数码管的显示。从 00 开始，每到来一个时钟信号，则按照十进制规律加 1 计数，一直计数到 99，再从 00 开始计数，从而实现百进制计数器的功能，由此掌握计数器容量扩展的设计方法。

（3）思考与练习

如何用两片74LS290构成六十进制或者二十四进制的计数器,并仿真测试?

5.7 移位寄存器及其应用仿真实验

【实验目的】

1. 掌握集成移位寄存器的逻辑功能和使用方法。
2. 掌握用集成移位寄存器构成环形计数器的设计方法。

【实验内容】

1. 集成4位双向移位寄存器74LS194逻辑功能测试

（1）创建电路

其电路如图5－37所示。

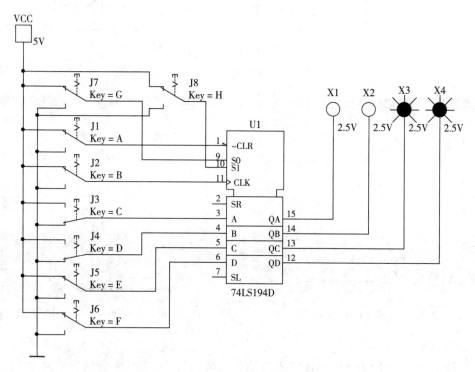

图5－37　74LS194逻辑功能测试

（2）仿真测试

① J1为74LS194的直接无条件清零端输入,J2为时钟脉冲端输入,J3~J6为四位并行输入端 A~D端输入,J7和J8分别为操作模式控制端 S0和 S1端输入,X1~X4指示并行输出端 QA~QD端的输出状态。

② 异步清零功能测试。

闭合仿真开关。

拨动 J1 为"0",观察指示灯的显示,了解异步清零的功能。

③ 并行输入功能测试。

首先,拨动 J1 为"1",拨动 J7 和 J8 均为"1",使 74LS194 处于并行输入的工作状态。

然后,拨动 J3～J6,设置输入并行数据,再拨动 J2 由"0"到"1",观察指示灯的显示,了解并行输入的功能。

④ 左移功能测试。

首先,将 74LS194 的左移串行输入端 SL 与输出端 QA 相连。

接着,并行输入数据"0001"。即拨动 J1 为"1",拨动 J7 和 J8 均为"1",使 74LS194 处于并行输入的工作状态;拨动 J3～J6 为"0001",设置并行输入数据;拨动 J2 由"0"到"1",观察指示灯的显示,检验并行数据的输入。

然后,拨动 J7 为"0",J8 为"1",使 74LS194 处于左移的工作状态;再拨动 J2 由"0"到"1",观察指示灯的亮灭变化,理解左移的功能。

⑤ 右移功能测试。

首先,将 74LS194 的右移串行输入端 SR 与输出端 QD 相连。

接着,并行输入数据"1000"。即拨动 J1 为"1",拨动 J7 和 J8 均为"1",使 74LS194 处于并行输入的工作状态;拨动 J3～J6 为"1000",设置并行输入数据;再拨动 J2 由"0"到"1",观察指示灯的显示,检验并行数据的输入。

然后,拨动 J7 为"1",J8 为"0",使 74LS194 处于右移的工作状态;再拨动 J2 由"0"到"1",观察指示灯的亮灭变化,理解右移的功能。

⑥ 保持功能测试。

首先,拨动 J1 为"1",拨动 J7 和 J8 均为"0",使 74LS194 处于保持的工作状态。

接着,拨动 J3～J6 为任一值,拨动 J2 由"0"到"1",观察指示灯的显示。

然后,重新拨动 J3～J6 为另一值,再拨动 J2 由"0"到"1",观察指示灯的显示不再变化,理解保持的功能。

(3)思考与练习

如何设计用两片 74LS194 构成八位双向移位寄存器电路,并仿真测试?

2. 74LS194 构成的环形计数器

(1)创建电路

其电路如图 5-38 所示。

(2)仿真测试

① J1～J4 为四位并行输入端 A～D 端输入,J5 为操作模式控制端 S1 端输入,X1～X4 指示并行输出端 QA～QD 端状态。

② 闭合仿真开关。

③ 首先,拨动 J5 为"1",使 74LS194 处于并行输入的工作状态。

④ 接着,拨动 J1～J4 为"1000",设置并行输入数据,观察指示灯,检验并行数据的输入。

⑤ 然后,拨动 J5 为"0",使 74LS194 处于右移的工作状态,观察四盏指示灯依次向右循环点亮,理解和掌握用集成移位寄存器构成环形计数器的设计方法。

(3)思考与练习

①该环形计数器为几进制计数器?

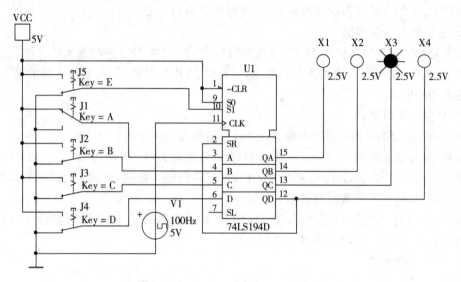

图 5-38 由 74LS194 构成的环形计数器

②如何设计用 74LS194 的左移功能实现环形计数器,并仿真测试?

5.8 555 时基电路及其应用仿真实验

【实验目的】

1. 熟悉 555 集成时基电路的工作原理及其特点。

2. 掌握 555 集成时基电路构成单稳态触发器、多谐振荡器及施密特触发器设计方法。

【实验内容】

1.555 构成的单稳态触发器

(1)创建电路

① 放置定时器 LM555。依次点击(Group)Mixed→(Family)Timer→(Component) LM555CM。

② 放置时钟信号源 V1,并设置占空比(Duty Cycle)为 90%。

③ 放置其他元器件。

④ 连接仿真电路,如图 5-39 所示。

(2)仿真测试

① 闭合仿真开关。

② 打开示波器窗口,如图 5-40 所示。观察示波器显示三个波形,从上到下依次为:输入信号波形、C2 充放电波形和输出信号波形,从而理解和掌握用 555 集成时基电路构成单稳态触发器的设计方法。

2.555 构成的多谐振荡器

(1)创建电路

其电路如图 5-41 所示。

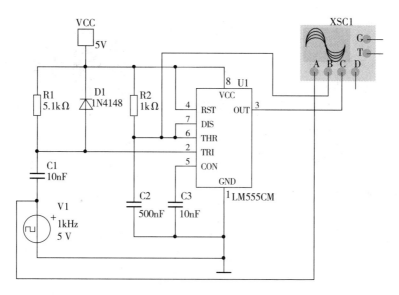

图 5-39 555 构成的单稳态触发器

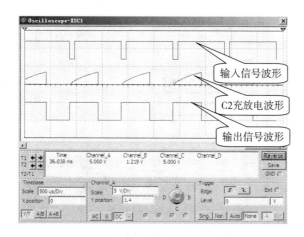

图 5-40 单稳态触发器波形

（2）仿真测试

① 闭合仿真开关。

② 打开示波器窗口，如图 5-42 所示。观察示波器同时显示的两个波形，即 C1 充放电波形和输出信号波形，从而理解和掌握用 555 集成时基电路构成多谐振荡器的设计方法。

（3）思考与练习

如何设置电路参数，使输出信号周期为 1s，即设计秒发生器电路，并仿真测试？

【备注】利用 Multisim 软件提供的向导，可以非常方便地产生单稳态触发器和多谐振荡器，方法是：依次点击菜单 Tools→Circuit Wizard→555 Timer Wizard，在弹出的对话框中设置各种相关参数，软件即可按照设置自动计算并产生需要的电路。

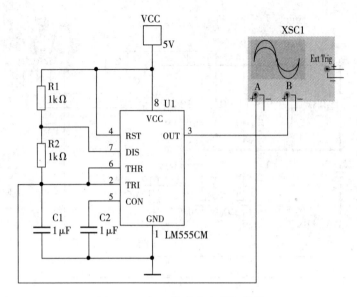

图 5-41　555 构成的多谐振荡器

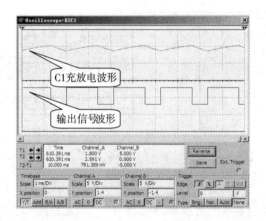

图 5-42　多谐振荡器波形

3.555 构成占空比可调的多谐振荡器

（1）创建电路

其电路如图 5-43 所示。

（2）仿真测试

① 闭合仿真开关。

② 打开示波器窗口，如图 5-44 所示。观察示波器显示的输出信号波形，输出信号占空比约为 50%。调节电位器 R_w，观察输出信号占空比发生变化，从而理解和掌握用 555 集成时基电路构成占空比可调的多谐振荡器的设计方法。

（3）思考与练习

① 调节电位器 R_w，可改变输出信号的占空比，此时输出信号的频率是否发生变化？

② 如何设计占空比及频率均可调的多谐振荡器，并仿真测试？

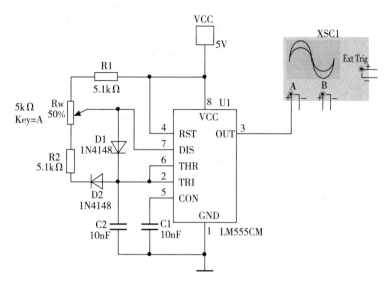

图 5-43　555 构成占空比可调的多谐振荡器

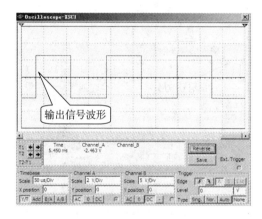

图 5-44　占空比可调的多谐振荡器波形

4.555 构成的施密特触发器

(1)创建电路

其电路如图 5-45 所示。

(2)仿真测试

① 闭合仿真开关。

② 打开示波器窗口,如图 5-46 所示。观察示波器同时显示的两个波形,即输入信号波形和输出信号波形,从而理解和掌握用 555 集成时基电路构成施密特触发器的设计方法。

5.555 构成的模拟声响电路

(1)创建电路

① 放置定时器 LM555。

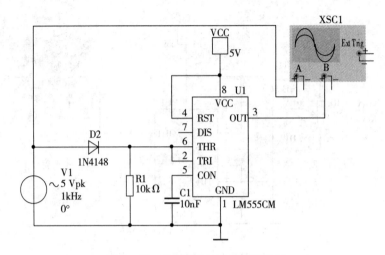

图 5 - 45　555 构成的施密特触发器

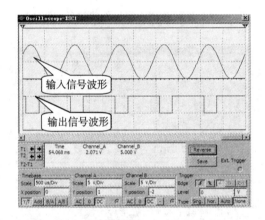

图 5 - 46　施密特触发器波形

　　② 放置扬声器 BUZZER。依次点击（Group）Indicator → （Family）BUZZER → (Component)BUZZER,并设置其频率为 1kHz,电压为 5V。

　　③ 放置其他元器件。

　　④ 连接仿真电路,如图 5 - 47 所示。

　　(2)仿真测试

　　① 闭合仿真开关。

　　② 打开示波器窗口,如图 5 - 48 所示。观察示波器同时显示的两个波形,即 U1 输出信号波形和 U2 输出信号波形,并同时观察扬声器和指示灯 X1 的状态。当 U1 输出为"1"时,U2 振荡,扬声器发出声响,指示灯 X1 闪烁;当 U1 输出为"0"时,U2 复位停止振荡,扬声器不发出声响,指示灯 X1 灭,从而理解 555 集成时基电路构成模拟音响电路的设计方法。

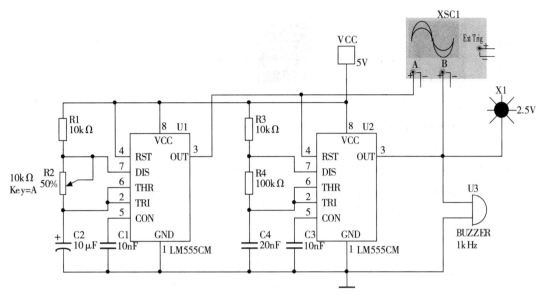

图 5－47　555 构成的模拟声响电路

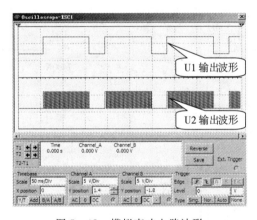

图 5－48　模拟声响电路波形

5.9　电子秒表仿真实验

【实验目的】

1. 学习数字电路中基本 RS 触发器、单稳态触发器、时钟发生器及计数、译码显示等单元电路的综合应用。

2. 学习电子秒表的调试方法。

【实验内容】

1. 创建电路

电子秒表电路的电路原理可参考实验 2.10。仿真时,可先分别对四个单元电路进行仿真,然后再联合调试进行总体电路仿真,电子秒表总体仿真电路如图 5－49 所示。

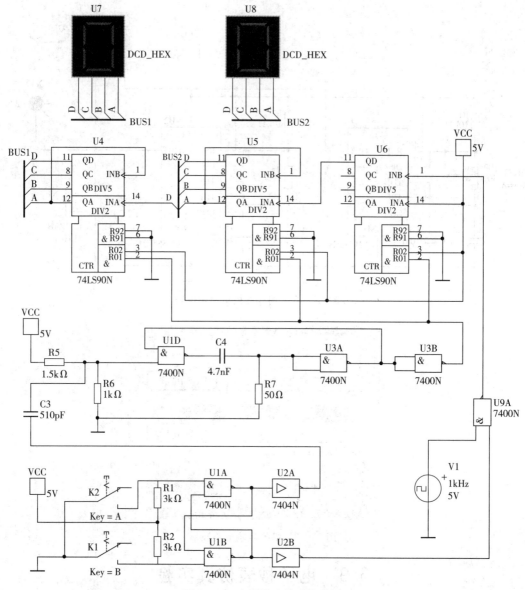

图 5-49　电子秒表仿真电路图

2. 仿真测试

① 闭合仿真开关。

② 打开开关 K1,闭合开关 K2,电子秒表开始计数,两只数码管 U₇ 和 U₈ 分别显示计数值,即秒值的个位和小数位。

③ 计数过程中(开关 K2 处于闭合状态),如果闭合开关 K1,则计数暂停,数码管显示计数秒值;重新打开开关 K1,则继续计数。

④ 闭合开关 K1,打开开关 K2,则计数器清零。

【备注】当电子秒表的时钟发生电路 V_1 的输出频率为 50Hz 时,仿真时数码管数字显示变化很慢,因此图 5-49 中 V_1 仿真频率设置为 1kHz,以达到较好的仿真效果。

第6章　附　录

6.1　DZX－2型电子学综合实验装置使用说明

模拟电路实验和数字电路实验采用的实验平台为DZX－2型电子学综合实验装置,该实验装置由模拟电路实验功能板和数字电路实验功能板两大部分组成,如图6-1所示。

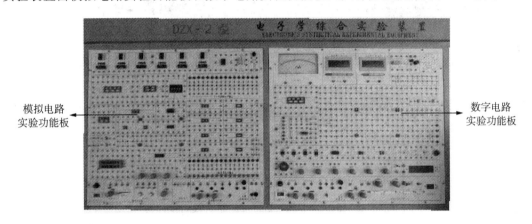

模拟电路实验功能板　　　　　　　　　　　　　　数字电路实验功能板

图6-1　DZX－2型电子学综合实验装置

1. 模拟电路实验功能板

模拟电路实验功能板如图6-2所示,其主要功能和使用方法如下。

① 直流稳压电源:输入为AC 220V,输出为DC±5V/1A两路、0～18V/0.75A连续可调两路(通过适当的连接,可得到0～±18V及0～36V连续可调电源)。+5V电源设有短路报警、指示功能和短路软截止自动恢复保护功能。

② 函数信号发生器:函数信号发生器面板如图6-3所示,其主要功能和使用方法如下。

本信号发生器是由单片集成函数信号发生器及外围电路,数字电压指示及功率放大电路等组合而成。其输出频率范围为2Hz～2MHz,输出幅度峰峰值为0～16V_{P-P}。

波形选择:本信号发生器可输出正弦波、方波、三角波共三种波形,由琴键开关切换选择。

输出频率选择及调节:输出频率分7个频段,由琴键开关f_1～f_7控制。其中f_1为2Hz,f_2为20Hz,f_3为200Hz,f_4为2kHz,f_5为20kHz,f_6为200kHz,f_7为2MHz。旋转"频率调节"旋钮,可以在对应的频段内调节输出频率。

输出幅度调节及显示:设有三位LED数码管显示波形输出幅度(峰-峰值)。其中,正弦波输出最大幅度16V_{P-P};最小输出幅度5mV_{P-P};三角波和方波的输出幅度在10V_{P-P}以上。旋转"幅度调节"旋钮,可以调节信号的输出幅度。

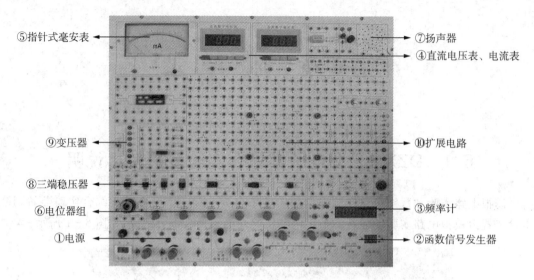

⑤指针式毫安表

⑨变压器

⑧三端稳压器

⑥电位器组

①电源

⑦扬声器

④直流电压表、电流表

⑩扩展电路

③频率计

②函数信号发生器

图6-2　模拟电路实验功能板

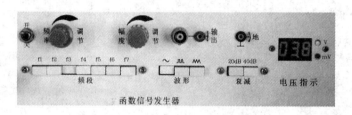

图6-3　函数信号发生器面板

　　输出衰减：输出衰减分0dB、20dB、40dB、60dB四挡，由两个"衰减"按键选择。选择方法见表6-1所列：

表6-1　输出衰减选择

20dB 按键	40dB 按键	衰减值
弹起	弹起	0dB
按下	弹起	20dB
弹起	按下	40dB
按下	按下	60dB

　　③ 六位数显频率计：频率计面板如图6-4所示，其主要功能和使用方法如下。

图6-4　频率计面板

本频率计的测量范围为 1Hz 至 10MHz,有六位共阴极 LED 数码管显示。将切换开关(内测/外测)置于"内测"时,即可测量"函数信号发生器"本身的信号输出频率;将开关置于"外测"时,则频率计显示由"输入"插口输入的被测信号的频率。显示窗口右边有两个 LED 指示灯显示当前测量频率的单位(kHz/Hz)。

④ 直流数字电压表和直流数字电流表:直流数字电压表和直流数字电流表面板如图 6-5 所示,其主要功能和使用方法如下。

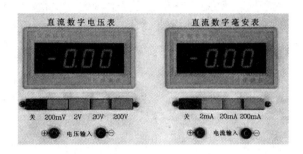

图 6-5 直流数字电压表和直流数字电流表面板

直流数字电压表:分 200mV、2V、20V、200V 四挡,由 4 位琴键开关切换,三位半显示,输入阻抗 10MΩ,精度 0.5 级。

直流数字毫安表:分 2mA、20mA、200mA 三挡,由 3 位琴键开关切换,三位半显示,精度为 0.5 级。

⑤ 镜面指针式精密直流毫安表:规格为 1mA/100Ω。

⑥ 电位器组:由 6 只电位器(1kΩ、2kΩ、10kΩ、100kΩ、100kΩ、1MΩ)和对应的 6 个调节旋钮组成,根据不同实验电路的需要可灵活选择。

⑦ 扬声器:由一只 5V 扬声器、音乐 IC 及其驱动电路组成,供数字钟、报警和音乐电路实验使用。

⑧ 三端稳压器:提供 7805、7812、7912 和 307 四种三段稳压器,引脚全部引出,方便使用。

⑨ 降压变压器:输入为 AC 50Hz,输出为 6V、10V、14V 及两路 17V 低压交流电压。

⑩ 扩展电路和常用元器件:设有可装卸固定线路实验小板的插座 4 只和高可靠圆脚集成块插座(40PIN 1 只,14PIN 1 只,8PIN 2 只),可配备有不同的实验小板,采用固定线路灵活组合相关的实验。另外还提供继电器、振荡线圈、可控硅、12V 信号灯、功率电阻、桥堆、二极管、电容、三极管、按钮等常用元器件。

2. 数字电路实验功能板

数字电路实验功能板如图 6-6 所示,其主要功能和使用方法如下。

① 直流稳压电源:输入为 AC 220V,输出为 DC±5V/1A 两路、0～18V/0.75A 连续可调两路(通过适当的连接,可得到 0～±18V 及 0～36V 连续可调电源)。+5V 电源设有短路报警、指示功能和短路软截止自动恢复保护功能。

② 脉冲信号:计数脉冲源 0.5Hz～300kHz 连续可调;输出四路 BCD 码基频、二分频、四分频、八分频,基频输出频率分 1Hz、1kHz、20kHz 三挡粗调,每挡附近又可进行细调;正负各两路单次脉冲源输出。

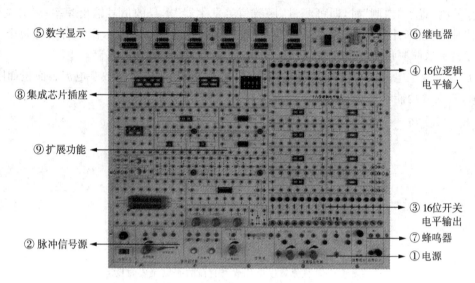

⑤ 数字显示

⑥ 继电器

④ 16位逻辑
电平输入

⑧ 集成芯片插座

⑨ 扩展功能

③ 16位开关
电平输出

② 脉冲信号源

⑦ 蜂鸣器

① 电源

图 6 - 6　数字电子实验功能板

③ 16 位开关电平输出：由 16 个拨动开关组成，并带有电平指示。当开关置"1"电平时，对应的指示灯亮；开关置"0"电平时，对应的指示灯灭。

④ 16 位逻辑电平输入：由 16 只 LED 指示灯及驱动电路组成，当输入为正逻辑"1"时，对应的指示灯亮；反之，指示灯灭。

⑤ 数字显示：由六位八段共阴数码管和二-十六进制显示译码器组成，供数字钟和交通灯等实验显示。

⑥ 继电器控制：由 1 只 5V 继电器及其驱动电路组成，引出了其常闭、常开、公共点和控制端，方便掌握继电器的使用方法。

⑦ 蜂鸣器：由一只 5V 蜂鸣器、音乐 IC 及其驱动电路组成，供数字钟、报警和音乐电路实验使用。

⑧ 集成芯片插座：提供有高可靠圆角集成芯片插座（40PIN 2 只、28PIN 1 只、24PIN 1 只、20PIN 1 只、16PIN 5 只、14PIN 6 只、8PIN 2 只及 40PIN 锁紧插座 1 只）。

⑨ 扩展功能：设有可装卸固定线路实验扩展小板的插座四只，可用于扩展实验使用。

6.2　电阻器的标称值及精度色环标志法

色环标志法是用不同颜色的色环在电阻器表面标称阻值和允许偏差。

1. 有效数字的色环标志法

普通电阻器用四条色环表示标称阻值和允许偏差，其中三条表示阻值，一条表示偏差，如图 6 - 7 所示。精密电阻器用五条色环表示标称阻值和允许偏差，如图 6 - 8 所示。

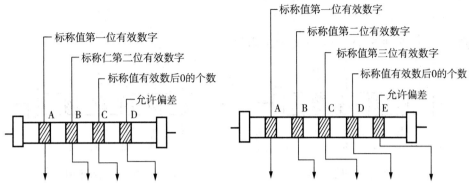

图6-7 两位有效数字的阻值色环标志法　　图6-8 三位有效数字的阻值色环标志法

两位、三位有效数字的阻值色环数值对照表分别见表6-2、表6-3所列。

表6-2 两位有效数字的阻值色环数值对照表

颜 色	一	二	倍 率	允许偏差	
黑	0	0	10^0		
棕	1	1	10^1		
红	2	2	10^2		
橙	3	3	10^3		
黄	4	4	10^4		
绿	5	5	10^5		
蓝	6	6	10^6		
紫	7	7	10^7		
灰	8	8	10^8		
白	9	9	10^9	$+5 \sim -20\%$	
金			10^1	$\pm 5\%$	
银			10^2	$\pm 10\%$	
无色				$\pm 20\%$	.

表6-3 三位有效数字的阻值色环数值对照表

颜 色	一	二	三	倍 率	允许偏差
黑	0	0	0	10^0	
棕	1	1	1	10^1	$\pm 1\%$
红	2	2	2	10^2	$\pm 2\%$
橙	3	3	3	10^3	
黄	4	4	4	10^4	
绿	5	5	5	10^5	$\pm 0.5\%$
蓝	6	6	6	10^6	$\pm 0.25\%$
紫	7	7	7	10^7	$\pm 0.1\%$
灰	8	8	8	10^8	
白	9	9	9	10^9	
金				10^1	
银				10^2	

2．示例

判断图 6-9 和图 6-10 所示电阻的阻值。

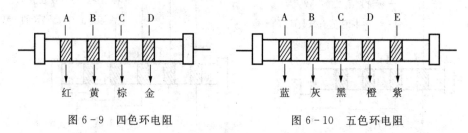

图 6-9　四色环电阻　　　　　　图 6-10　五色环电阻

四色环电阻如图 6-9 所示,该电阻标称值为:$24\times10^1=240\Omega$;精度为 $\pm5\%$。

五色环电阻如附图 6-10 所示,该电阻标称值为:$680\times10^3=680k\Omega$;精度为 $\pm0.1\%$。

6.3　部分集成电路引脚排列

1. 74LS 系列

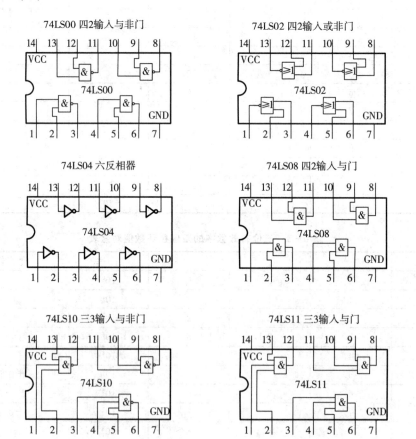

74LS20 双四输入与非门

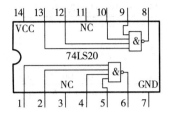

74LS30 八输入与非门

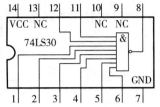

74LS32 四2输入或门

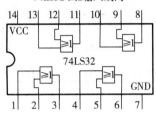

74LS54 4输入与或非门

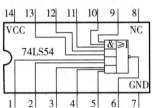

74LS74 双D 触发器

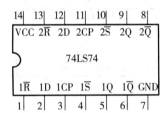

74LS75 4 位双稳态锁存器

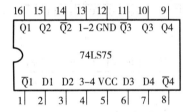

74LS76 双 JK 触发器

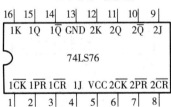

74LS86 四2输入异或门

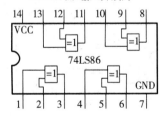

74LS112 双JK负边沿触发器

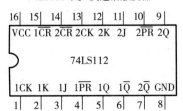

74LS138 3线-8线译码器

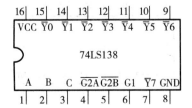

74LS151 8选1数据选择器

74LS152 8选1数据选择器

74LS153 双4选1数据选择器

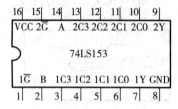

74LS161 4位二进制计数器

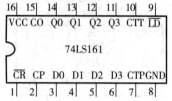

74LS194 双向移位寄存器

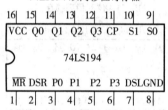

74LS290 十进制计数器

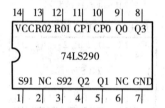

2. CC4000 及其他系列

CD4072 双4输入或门

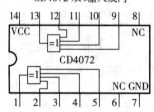

CD4075 三3输入或门

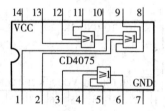

CD4511 BCD 七段显示译码器

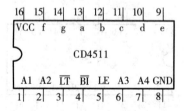

CC4539 双4通道数据选择器

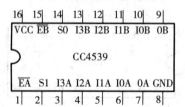

CD4030 四2输入异或门

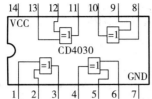

CC4013 双D触发器

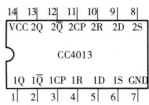

555定时器

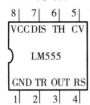

CD40192 十进制可逆计数器

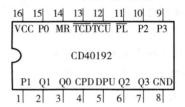

参 考 文 献

[1] 华成英,童诗白. 模拟电子技术基础[M]. 4版. 北京:高等教育出版社,2006.

[2] 阎石. 数字电子技术基础[M]. 5版. 北京:高等教育出版社,2006.

[3] 杨素行. 模拟电子技术基础简明教程[M]. 3版. 北京:高等教育出版社,2006.

[4] 余梦尝. 数字电子技术基础简明教程[M]. 3版. 北京:高等教育出版社,2006.

[5] Thomas L. Floyd. 数字电子技术[M]. 9版. 北京:电子工业出版社,2008.

[6] 毕满清. 电子技术基础实验与课程设计[M]. 北京:机械 工业出版社,2008.

[7] 李国丽,刘春,朱维勇. 电子技术基础实验[M]. 北京:机械工业出版社,2007.

[8] 郭锁利,刘延飞,李琪,等. 基于Multisim9的电子系统设计、仿真与综合应用[M]. 北京:人民邮电出版社,2008.

[9] 蒋黎红,黄培根,朱维婷. 模电数电基础实验及Multisim7仿真[M]. 杭州:浙江大学出版社,2007.

[10] 聂典,丁伟. Multisim10计算机仿真在电子电路设计中的应用[M]. 北京:电子工业出版社,2009.

[11] 黄培根,任清褒. Multisim10计算机虚拟仿真实验室[M]. 北京:电子工业出版社,2008.